智能制造应用型人才培养系列教程

工业机器人技术

工业机器人
入门实用教程

（KUKA 机器人）

张明文◆主编

王伟 顾三鸿◆副主编　　霰学会◆主审

人民邮电出版社

北京

图书在版编目(CIP)数据

工业机器人入门实用教程. KUKA机器人 / 张明文主编. -- 北京 : 人民邮电出版社, 2020.1
智能制造应用型人才培养系列教程. 工业机器人技术
ISBN 978-7-115-52029-6

Ⅰ. ①工… Ⅱ. ①张… Ⅲ. ①工业机器人—教材
Ⅳ. ①TP242.2

中国版本图书馆CIP数据核字(2019)第197483号

内 容 提 要

本书从KUKA(库卡)机器人应用过程中需掌握的技能出发,由浅入深、循序渐进地介绍了KUKA机器人入门实用知识。全书共 11 章,分别为工业机器人概述、KUKA 机器人认知、示教器认知、KUKA 机器人基本操作、KUKA 机器人坐标系建立、I/O 通信、KUKA 机器人基本指令、KUKA 机器人编程基础、编程实例、KUKA 机器人零点标定和 KUKA 机器人离线仿真。通过学习本书,读者对 KUKA 机器人的实际使用过程将有一个全面清晰的认识。

本书图文并茂,通俗易懂,具有较强的实用性和可操作性,既可作为高等院校和职业院校工业机器人技术专业的教材,又可作为工业机器人培训机构用书,也可供相关行业的技术人员参考。

◆ 主　　编　张明文

　　副主编　王　伟　顾三鸿

　　主　　审　霰学会

　　责任编辑　刘晓东

　　责任印制　马振武

◆ 人民邮电出版社出版发行　　北京市丰台区成寿寺路 11 号

　　邮编　100164　电子邮件　315@ptpress.com.cn

　　网址　http://www.ptpress.com.cn

　　北京天宇星印刷厂印刷

◆ 开本：787×1092　1/16

　　印张：17.75　　　　　　　　　2020 年 1 月第 1 版

　　字数：340 千字　　　　　　　2025 年 1 月河北第 5 次印刷

定价：52.00 元

读者服务热线：(010)81055256　印装质量热线：(010)81055316

反盗版热线：(010)81055315

广告经营许可证：京东市监广登字 20170147 号

编审委员会

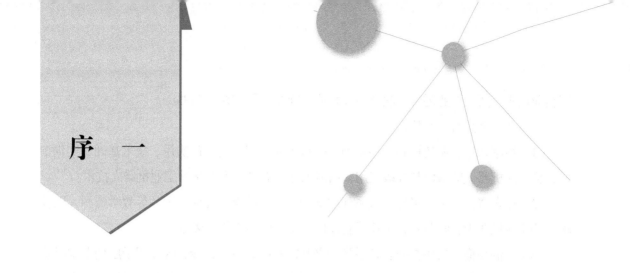

序 一

现阶段，我国制造业面临资源短缺、劳动成本上升、人口红利减少等压力，而工业机器人的应用与推广，将极大地提高生产效率和产品质量，降低生产成本和资源消耗，有效地提高我国工业制造竞争力。我国《机器人产业发展规划（2016—2020年）》强调，机器人是先进制造业的关键支撑装备和未来生活方式的重要切入点。广泛采用工业机器人，对促进我国先进制造业的崛起，有着十分重要的意义。"机器换人，人用机器"的新型制造方式有效推进了工业转型升级。

工业机器人作为集众多先进技术于一体的现代制造业装备，自诞生至今已经取得了长足进步。当前，新科技革命和产业变革正在兴起，全球工业竞争格局面临重塑，世界各国紧抓历史机遇，纷纷出台了一系列国家战略：美国的"再工业化"战略、德国的"工业4.0"计划、欧盟的"2020增长"战略等。伴随机器人技术的快速发展，工业机器人已成为柔性制造系统（FMS）、自动化工厂（FA）、计算机集成制造系统（CIMS）等先进制造业的关键支撑装备。

随着工业化和信息化的快速推进，我国工业机器人市场已进入高速发展时期。国际机器人联合会（IFR）统计显示，截至2016年，我国已成为全球最大的工业机器人市场。未来几年，我国工业机器人市场仍将保持高速的增长态势。然而，现阶段我国机器人技术人才匮乏，与巨大的市场需求严重不协调。从国家战略层面而言，推进智能制造的产业化发展，工业机器人技术人才的培养首当其冲。

目前，许多应用型本科院校、职业院校和技工院校纷纷开设工业机器人相关专业，但普遍存在师资力量缺乏、配套教材资源不完善、工业机器人实训装备不系统、技能考核体系不完善等问题，导致无法培养出企业需要的专业机器人技术人才，严重制约了我国机器人技术的推广和智能制造业的发展。江苏哈工海渡教育科技集团有限公司依托哈尔滨工业大学，顺应形势需要，产、学、研、用相结合，组织企业专家和一线科研人员开展了一系列企业调研，面向企业需求，联合高校教师共同编写了该系列图书。

该系列图书具有以下特点。

（1）循序渐进，系统性强。该系列图书从工业机器人的入门实用、技术基础、实训指导，到工业机器人的编程与高级应用，由浅入深，有助于系统学习工业机器人技术。

（2）配套资源，丰富多样。该系列图书配有相应的电子课件、视频等教学资源，以及配套的工业机器人教学装备，构建了立体化的工业机器人教学体系。

（3）通俗易懂，实用性强。该系列图书言简意赅，图文并茂，既可用于应用型本科院校、职业院校和技工院校的工业机器人应用型人才培养，也可供从事工业机器人操作、编程、运行、维护与管理等工作的技术人员参考学习。

（4）覆盖面广，应用广泛。该系列图书介绍了国内外主流品牌机器人的编程、应用等相关内容，顺应国内机器人产业人才发展需要，符合制造业人才发展规划。

该系列图书结合实际应用，教、学、用有机结合，有助于读者系统学习工业机器人技术和强化、提高实践能力。该系列图书的出版发行，必将提高我国工业机器人专业的教学效果，全面促进我国工业机器人技术人才的培养和发展，大力推进我国智能制造产业变革。

中国工程院院士 蔡鹤皋

2017 年 6 月于哈尔滨工业大学

序　二

　　机器人技术自出现至今短短几十年中，其发展取得长足进步，伴随产业变革的兴起和全球工业竞争格局的全面重塑，机器人产业发展越来越受到世界各国的高度关注，主要经济体纷纷将发展机器人产业上升为国家战略，提出"以先进制造业为重点战略，以'机器人'为核心发展方向"，并将此作为保持和重获制造业竞争优势的重要手段。

　　作为人类在利用机械进行社会生产史上的一个重要里程碑，工业机器人是目前技术发展最成熟且应用最广泛的一类机器人。工业机器人现已广泛应用于汽车及零部件制造、电子、机械加工、模具生产等行业以实现自动化生产线，并参与焊接、装配、搬运、打磨、抛光、注塑等生产制造过程。工业机器人的应用，既保证了产品质量，提高了生产效率，又避免了大量工伤事故，有效推动了企业和社会生产力发展。作为先进制造业的关键支撑装备，工业机器人影响着人类生活和经济发展的方方面面，已成为衡量一个国家科技创新和高端制造业水平的重要标志。

　　当前，随着劳动力成本上涨、人口红利逐渐消失，生产方式向柔性、智能、精细转变，我国制造业转型升级迫在眉睫。全球新一轮科技革命和产业变革与我国制造业转型升级形成历史性交汇，我国已经成为全球最大的机器人市场。大力发展工业机器人产业，对于打造我国制造业新优势、推动工业转型升级、加快制造强国建设、改善人民生活水平具有深远意义。

　　我国工业机器人产业迎来爆发性的发展机遇，然而，现阶段我国工业机器人领域人才储备数量严重不足，对企业而言，从工业机器人的基础操作维护人员到高端技术人才普遍存在巨大缺口，缺乏经过系统培训、能熟练安全应用工业机器人的专业人才。现代工业是立国的基础，需要有与时俱进的职业教育和人才培养配套资源。

　　该系列图书由江苏哈工海渡教育科技集团有限公司联合众多高校和企业共同编写完成。该系列图书依托于哈尔滨工业大学的先进机器人研究技术，综合企业实际用人需求，充分贯彻了现代应用型人才培养"淡化理论，技能培养，重在运用"的指导思想。该系列图书既可作为应用型本科院校、职业院校工业机器人技术或机器人工程专业的教材，也可作为机电一体化、自动化专业开设工业机器人相关课程的教学用书；该系列图书涵盖了国际主流品牌和国内主要品牌机器人的入门实用、实训指导、技术基础、高级编程等，注重循序渐进与系统学习，强化学生的工业机器人专业技术能力和实践操作能力。

该系列图书"立足工业，面向教育"，有助于推进我国工业机器人技术人才的培养和发展，助力中国制造。

中国科学院院士 韩东才

2017 年 6 月

前　言

　　本书全面贯彻党的二十大报告精神，以习近平新时代中国特色社会主义思想为指导，结合企业生产实践，科学选取典型案例题材和安排学习内容，在学习者学习专业知识的同时，激发爱国热情、培养爱国情怀，树立绿色发展理念，培养和传承中国工匠精神，筑基中国梦。

　　机器人是先进制造业的重要支撑装备，也是未来智能制造业的关键切入点，工业机器人作为机器人家族中的重要一员，是目前技术成熟、应用广泛的一类机器人。工业机器人的研发和产业化应用是衡量科技创新和高端制造发展水平的重要标志之一。目前，工业机器人自动化生产线被大量使用在汽车、电子电器、工程机械等众多行业，工业机器人的使用在保证产品质量的同时，改善了工作环境，提高了社会生产效率，有力推动了企业和社会生产力发展。

　　本书以 KUKA 机器人为主，结合工业机器人仿真系统和哈工海渡机器人学院的工业机器人技能考核实训台，遵循"由简入繁，软硬结合，循序渐进"的编写原则，依据学生的学习需要科学设置知识点，结合实训台典型实例讲解，倡导实用性教学，有助于激发学习兴趣，提高教学效率，便于学生在短时间内全面、系统地了解工业机器人操作的常识。

　　工业机器人技术专业具有知识面广、实操性强等显著特点。为了提高教学效果，在教学方法上，建议采用启发式教学，开放性学习，组织实操演练、小组讨论；在学习过程中，建议结合本书配套的教学辅助资源，如机器人仿真软件、六轴机器人实训台、教学课件及视频素材、教学参考与拓展资料等。

　　本书由哈工海渡机器人学院的张明文任主编，王伟和顾三鸿任副主编，由霰学会主审，参加编写的还有王璐欢、何定阳、潘士叔和李闻。全书由张明文统稿，具体编写分工如下：王伟和顾三鸿编写第 1 章～第 4 章；王璐欢和何定阳编写第 5 章～第 8 章；潘士叔和李闻编写第 9 章～第 11 章。本书在编写过程中，得到了哈工大机器人集团和库卡机器人（上海）有限公司的有关领导、工程技术人员，以及哈尔滨工业大学相关教师的鼎力支持与帮助，在此表示衷心的感谢！

　　由于编者水平有限，书中难免存在不足之处，敬请读者批评指正。

编　者

2023 年 5 月

目　录

1

CHAPTER1

第1章
工业机器人概述

机器人是典型的机电一体化的装置,它涉及了机械、电气、控制、检测、通信和计算机等方面的知识。以"数字化智能制造"为核心的新一轮工业革命即将到来,工业机器人作为机器人家族的重要成员,将成为"数字化智能制造"的重要载体。

1.1 工业机器人行业概况

微课视频

工业机器人
行业概况

当前,新科技革命和产业变革正在兴起,全球制造业正处在巨大的变革之中。工业机器人作为智能制造领域最具代表性的产品,"快速成长"和"进口替代"是现阶段我国工业机器人产业最重要的两个特征。我国正处于制造业升级的重要时间窗口,智能化改造需求空间巨大且增长迅速,工业机器人迎来重要发展机遇。

据国际机器人联合会(IFR)和中国机器人产业联盟(CRIA)初步统计结果显示,2018 年我国工业机器人累计销售 13.5 万台,同比下降 3.75%。其中,自主品牌机器人销售 4.36 万台,同比增长 16.2%;外资机器人销售 9.2 万台,同比下降 10.98%。截止到 2017年 12 月底,全国工业机器人企业的总数为 6 472 家,年增长率为 35.8%。随着国内新增工业机器人产能的进一步释放,国内工业机器人产量增长仍将持续。图 1-1 为 2013—2018年我国工业机器人销量情况。

我国工业机器人密度的发展在全球也最具活力。由于工业机器人设备的大幅增加,特别是 2013—2017 年,我国工业机器人密度从 2013 年的 25 台 / 万人增加到 2017 年的 68台 / 万人,位居世界第 21 名,首次超过世界平均机器人密度 85 台 / 万人,如图 1-2 所示。

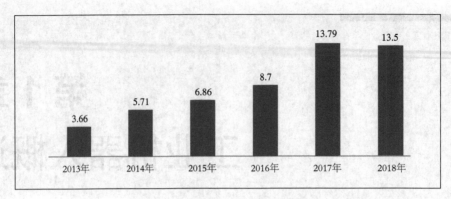

图 1-1　2013—2018 年我国工业机器人产业销量（单位：万台）

（数据来源：国际机器人联合会 IFR 和我国机器人产业联盟 CRIA）

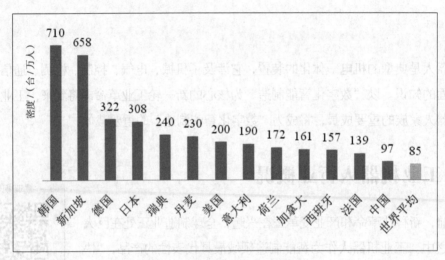

图 1-2　2017 年全球工业机器人密度

（数据来源：国际机器人联合会 IFR）

据 2017 年工业机器人销量数据显示，汽车行业仍是我国工业机器人应用最广泛的领域，占比达到 33.3%；随后是 3C 电子、金属加工、塑料及化学制品、食品烟草饮料，占比分别约 27.7%、10.8%、7.9%、2.3%。图 1-3 所示为 2017 年我国工业机器人应用领域分布。

目前，工业机器人制造是各大装备制造商纷纷介入的一块领域，无论是传统的机械制造企业还是电气企业都希望能在工业机器人市场分上一杯羹。可以预见，未来我国工业机器人制造商所面临的竞争不单单来自国外企业，如 ABB、FANUC、KUKA 和 YASKAWA 4 大巨头等，更有来自国内跨行业的企业。行业的竞争程度将会更加激烈。图 1-4 所示为 2016 年各大品牌工业机器人厂商市场份额。

我国工业机器人产业所表现出来的爆发性发展态势，带来对工业机器人行业人才的大量需求，而工业机器人行业人才严重的供需失衡又大大制约着国内工业机器人产业的发

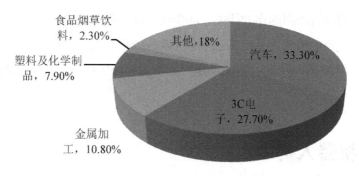

图 1-3　2017 年我国工业机器人应用领域分布
（数据来源：国际机器人联合会 IFR）

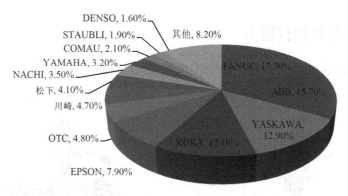

图 1-4　2016 年各大品牌工业机器人厂商市场份额
（数据来源：国际机器人联合会 IFR）

展，培养工业机器人行业人才迫在眉睫。而工业机器人行业的多品牌竞争局面，迫使学习者需要根据行业特点和市场需求，合理选择学习和使用的某品牌工业机器人，从而提高自身职业技能和个人竞争力。

1.2　工业机器人定义和特点

　　工业机器人虽是技术上最成熟、应用最广泛的机器人，但对其具体的定义，科学界尚未形成统一，目前公认的是国际标准化组织（ISO）的定义。

　　国际标准化组织对工业机器人的定义为："工业机器人是一种能自动控制，可重复编程，多功能，多自由度的操作机，能够搬运材料、工件或者操持工具来完成各种作业。"

　　我国国家标准将工业机器人定义为："自动控制的、可重复编程的、多用途的操作机，并可对 3 个或 3 个以上的轴进行编程。它可以是固定式或移动式，在工业自动化中使用。"

　　工业机器人显著的特点如下。

　　① 拟人化。在机械结构上类似于人的手臂或者其他组织结构。

② 通用性。可执行不同的作业任务，动作程序可按需求改变。

③ 独立性。完整的机器人系统在工作中可以不依赖人的干预。

④ 智能性。具有不同程度的智能功能，如感知系统等提高了工业机器人对周围环境的自适应能力。

1.3 工业机器人构型

按照工业机器人结构运动形式的不同，其构型主要有 5 种：直角坐标机器人、柱面坐标机器人、球面坐标机器人、多关节机器人和并联机器人。

1.3.1 直角坐标机器人

直角坐标机器人在空间上具有多个相互垂直的移动轴，常用的是 3 轴，即 x、y、z 轴，如图 1-5 所示，其末端的空间位置通过沿 x、y、z 轴来回移动形成，是一个长方体。

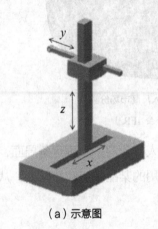

（a）示意图   （b）哈工海渡－直角坐标机器人

图 1-5 直角坐标机器人

1.3.2 柱面坐标机器人

柱面坐标机器人的运动空间位置由基座回转、水平移动和竖直移动形成，其作业空间呈圆柱体，如图 1-6 所示。

1.3.3 球面坐标机器人

球面坐标机器人的空间位置机构主要由回转基座、摆动轴和平移轴构成，具有 2 个转动自由度和 1 个移动自由度，其作业空间是球面的一部分，如图 1-7 所示。

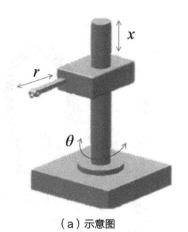
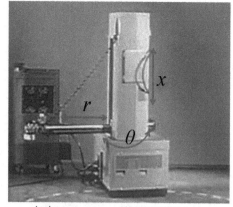

（a）示意图　　　　　　　　　（b）Versatran－柱面坐标机器人

图1-6　柱面坐标机器人

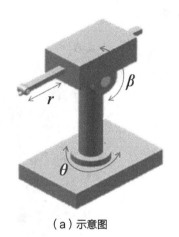

（a）示意图　　　　　　　　　（b）Unimate－球面坐标机器人

图1-7　球面坐标机器人

1.3.4　多关节机器人

多关节机器人由多个回转和摆动（或移动）机构组成。按旋转方向可分为水平多关节机器人和垂直多关节机器人。

① 水平多关节机器人由多个竖直回转机构构成，没有摆动或平移，手臂都在水平面内转动，其作业空间为圆柱体，如图1-8所示。

② 垂直多关节机器人由多个摆动和回转机构组成，其作业空间近似一个球体，如图1-9所示。

1.3.5　并联机器人

并联机器人的基座和末端执行器之间通过至少两个独立的运动链相连接，机构具有两个或两个以上自由度，是以并联方式驱动的一种闭环机构。工业应用最广泛的并联机器人是 DELTA 并联机器人，如图 1-10 所示。

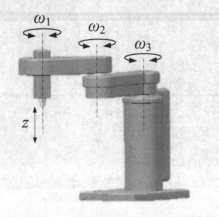
（a）示意图

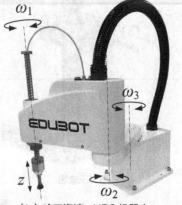
（b）哈工海渡 -HR3 机器人

图 1-8　水平多关节机器人

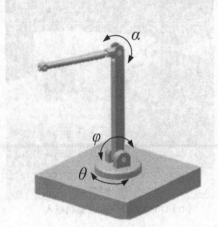
（a）示意图

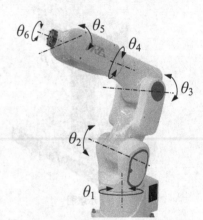
（b）哈工大机器人集团 -HR3 机器人

图 1-9　垂直多关节机器人

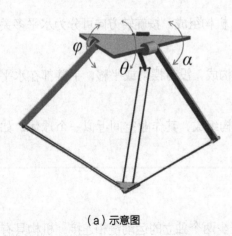
（a）示意图

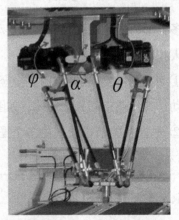
（b）哈工海渡 -DELTA 并联机器人

图 1-10　DELTA 并联机器人

相对于并联机器人而言，只有一条运动链的机器人称为串联机器人。

1.4　工业机器人主要技术参数

微课视频

工业机器人
主要技术参数

选用什么样的工业机器人，首先要了解工业机器人的主要技术参数，然后根据生产和工艺的实际要求，通过工业机器人的技术参数来选择工业机器人的机械结构、坐标形式和传动装置等。

工业机器人的技术参数反映了工业机器人的适用范围和工作性能，主要包括自由度、额定负载、工作空间、工作精度，其他参数还有工作速度、控制方式、驱动方式、安装方式、动力源容量、本体重量、环境参数等。下面主要介绍自由度、额定负载、工作空间、工作精度几个参数。

1.4.1　自由度

自由度是指描述物体运动所需要的独立坐标数。

空间直角坐标系又称笛卡儿直角坐标系，它是以空间一点 o 为原点，建立 3 条两两相互垂直的数轴，即 x 轴、y 轴和 z 轴。工业机器人系统中常用的坐标系为右手坐标系，即 3 个轴的正方向符合右手法则：右手大拇指指向 z 轴正方向，食指指向 x 轴正方向，中指指向 y 轴正方向，如图 1-11 所示。

在三维空间中描述一个物体的位姿（即位置和姿态）需要 6 个自由度，如图 1-12 所示。

① 沿空间直角坐标系 o-xyz 的 x、y、z 3 个轴平移运动 T_x、T_y、T_z；

② 绕空间直角坐标系 o-xyz 的 x、y、z 3 个轴旋转运动 R_x、R_y、R_z。

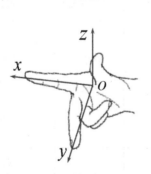

图 1-11　右手法则

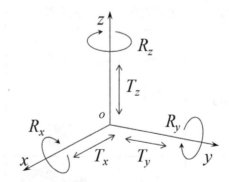

图 1-12　刚体的 6 自由度

工业机器人的自由度是指工业机器人相对坐标系能够进行独立运动的数目，不包括末端执行器的动作，如焊接、喷涂等。通常，垂直多关节机器人以 6 自由度为主，SCARA 机器人是 4 自由度，如图 1-13 所示。

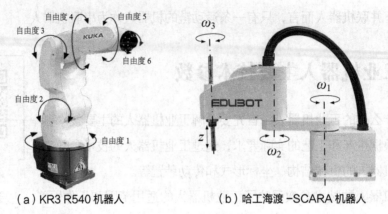

（a）KR3 R540 机器人　　　　　（b）哈工海渡－SCARA 机器人

图 1-13　工业机器人的自由度

工业机器人的自由度反映工业机器人动作的灵活性，自由度越多，工业机器人就越能接近人手的动作机能，通用性越好；但是自由度越多，结构就越复杂，对工业机器人的整体要求就越高。因此，工业机器人的自由度是根据其用途设计的。

提示：采用空间开链连杆机构的机器人，因为每个关节运动副仅有一个自由度，所以机器人的自由度数就等于它的关节数。

1.4.2　额定负载

额定负载也称为有效负荷，是指正常作业条件下，工业机器人在规定性能范围内，手腕末端所能承受的最大载荷。

目前使用的工业机器人负载范围较大：0.5 ~ 2 300 kg，见表 1-1。

表 1-1　工业机器人的额定负载

型号	额定负载	实物图	型号	额定负载	实物图
KUKA KR3 R540	3 kg		ABB IRB120	3 kg	
KUKA KR 240 R3200 PA	240 kg		KUKA KR16	16 kg	

型号	额定负载	实物图	型号	额定负载	实物图
KUKA KR 60 HA	60 kg		FANUC M-1iA/0.5S	0.5 kg	
KUKA KR 1000 TITAN F	1000 kg		FANUC M-200iA/2300	2300 kg	

工业机器人的额定负载通常用载荷图表示，如图 1-14 所示。

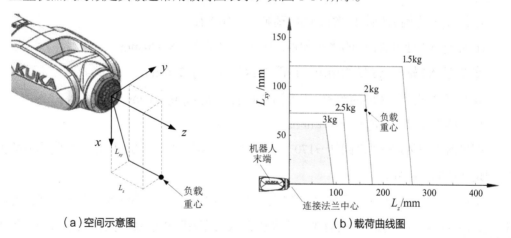

（a）空间示意图　　　　　　　（b）载荷曲线图

图 1-14　KR3 R540 机器人载荷图

在图 1-14 中，L_z（mm）表示负载重心与连接法兰端面的距离；L_{xy}（mm）表示负载重心在连接法兰端面所处平面上的投影与连接法兰中心的距离；负载重心落在 2 kg 载荷线上，表示此时负载重量不能超过 2 kg。

1.4.3　工作空间

工作空间又称工作范围、工作行程，是指工业机器人作业时，手腕参考中心（即手腕旋转中心）所能到达的空间区域，不包括手部本身所能达到的区域，常用图形表示，如图 1-15 所示。P 点为手腕参考中心，KUKA KR3 R540 机器人工作空间为 541 mm。

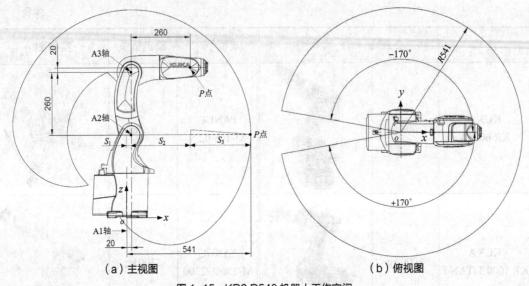

（a）主视图　　　　　　　　　　　（b）俯视图

图 1-15　KR3 R540 机器人工作空间

多关节机器人的工作空间通常是指工作半径，如图 1-14（a）所示。以 KR3 R540 机器人的全局坐标系为参照，当 A2 轴、A3 轴和 P 点三者共面于水平位置时（即图 1-14 中实线位置），P 点到 A1 轴（z 轴）的距离则为工作半径。

① S_1 是 A2 轴与 A1 轴的水平偏距，由图 1-14 可知：S_1=20 mm。

② S_2 是 A2 轴与 A3 轴的距离，由图 1-14 可知：S_2=260 mm。

③ S_3 是 P 点到 A3 轴的距离，由图 1-14 可知：$S_3=\sqrt{260^2+20^2}\approx261$ mm。

故工作半径 $R=S_1+S_2+S_3$=541 mm。

而机器人绕 A1 轴可以回转 −170°～+170°，如图 1-14（b）所示，因此形成的工作空间是球体的一部分。

工作空间的形状和大小反映了机器人工作能力的大小，它不仅与机器人各连杆的尺寸有关，还与机器人的总体结构有关，工业机器人在作业时可能会因为存在手部不能到达的作业死区而不能完成规定任务。

由于末端执行器的形状和尺寸是多种多样的，为真实反映机器人的特征参数，工作范围一般是指不安装末端执行器时可以达到的区域。

> **注意：** 在装上末端执行器后，需要同时保证工具姿态，实际的可达空间会和生产商给出的有差距，因此需要通过比例作图或模型核算，来判断是否满足实际需求。

1.4.4　工作精度

工业机器人的工作精度包括定位精度和重复定位精度。

① 定位精度又称绝对精度，是指工业机器人的末端执行器实际到达位置与目标位置

之间的差距。

② 重复定位精度简称重复精度，是指在相同的运动位置命令下，工业机器人重复定位其末端执行器于同一目标位置的能力，以实际位置值的分散程度来表示。

实际上工业机器人重复执行某位置给定指令时，它每次走过的距离并不相同，都是在一平均值附近变化。该平均值代表精度，变化的幅值代表重复精度，如图 1-16 和图 1-17 所示。工业机器人具有绝对精度低、重复精度高的特点。常见工业机器人的重复定位精度如表 1-2 所示。

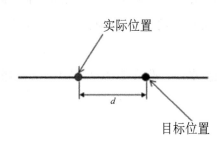

图 1-16 定位精度

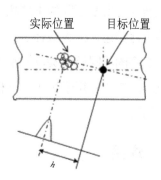

图 1-17 重复定位精度

表 1-2 常见工业机器人的重复定位精度

型号	实物图	重复定位精度	型号	实物图	重复定位精度
ABB IRB120		±0.01 mm	YASKAMA MH12		±0.08 mm
FANUC LR Mate 200iD/4S		±0.02 mm	KUKA KR3 R540		±0.02 mm

1.5 工业机器人应用

工业机器人可以替代人从事危险、低温和高热等恶劣环境中的工作；还可以替代人完成繁重、单调的重复劳动，提高劳动生产率，保证产品质量，主要用于汽车、3C 产品、医疗、食品、通用机械制造、金属加工、船舶等领域，用以完成搬运、焊接、喷涂、装配、码垛和打磨等复杂作业。工业机器人与数控加工中心、自动引导车以及自动检测系统可组成柔性制造系统（FMS）和计算机集成制造系统（CIMS），实现生产自动化。

1.5.1 搬运

搬运作业是指用一种设备握持工件，从一个加工位置移动到另一个加工位置。

搬运机器人可安装不同的末端执行器（如机械手爪、真空吸盘等）以完成各种不同形状和状态的工件搬运，大大减轻了人类繁重的体力劳动。通过编程控制，搬运机器人还可以配合各个工序的不同设备实现流水线作业。

搬运机器人广泛应用于机床上下料、自动装配流水线、码垛搬运、集装箱等自动搬运，如图 1-18 所示。

1.5.2 焊接

目前工业应用领域最广的是机器人焊接，如工程机械、汽车制造、电力建设等，焊接机器人能在恶劣的环境下连续工作并能提供稳定的焊接质量，提高工作效率，减轻工人的劳动强度。采用机器人焊接是焊接自动化的革命性进步，突破了焊接专机的传统方式，如图 1-19 所示。

图 1-18 搬运机器人

图 1-19 焊接机器人

1.5.3 喷涂

喷涂机器人适用于生产量大、产品型号多、表面形状不规则的工件外表面涂装，广泛应用于汽车、铁路、家电、建材和机械等行业，如图 1-20 所示。

1.5.4 装配

装配是一个比较复杂的作业过程，不仅要检测装配过程中的误差，而且要试图纠正这种误差。装配机器人是柔性自动化系统的核心设备，末端执行器种类多，以适应不同的装配对象，其中传感系统用于获取装配机器人与环境和装配对象之间相互作用的信息。装配机器人主要应用于各种电器的制造业及流水线产品的组装作业，具有高效、精确、持续工作的特点，如图1-21所示。

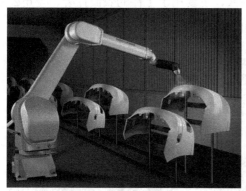

图1-20 喷涂机器人

图1-21 装配机器人

1.5.5 码垛

码垛机器人是机电一体化高新技术产品，如图1-22所示，它可满足中低产量的生产需要，也可按照要求的编组方式和层数，完成对料袋、箱体等各种产品的码垛。

使用码垛机器人能提高企业的生产效率和产量，同时减少人工搬运造成的错误；还可以全天候作业，节约大量人力资源成本。码垛机器人广泛应用于化工、饮料、食品、啤酒和塑料等生产企业。

1.5.6 涂胶

涂胶机器人一般由机器人本体和专用涂胶设备组成，如图1-23所示。

图1-22 码垛机器人

图1-23 涂胶机器人

涂胶机器人既能独立实行半自动涂胶，又能配合专用生产线实现全自动涂胶。具有设备柔性高、做工精细、质量好、适用能力强等特点，可以完成复杂的三维空间的涂胶工作。

工作台可安装激光传感器进行精密定位，提高产品生产质量，同时使用光栅传感器确保工人生产安全。

1.5.7 打磨

打磨机器人是指可进行自动打磨的工业机器人，主要用于工件的表面打磨、棱角去毛刺、焊缝打磨、内腔内孔去毛刺、孔口螺纹口加工等，如图1-24所示。

图1-24 打磨机器人

打磨机器人广泛应用于3C、卫浴五金、IT、汽车零部件、工业零件、医疗器械、木材建材家具制造、民用产品等行业。

思考题

一、填空题

1. 国际标准化组织（ISO）对工业机器人的定义为："工业机器人是一种能_____，_____，_____，_____的操作机，能够搬运材料、工件或者操持工具来完成各种作业。"

2. 按照工业机器人结构运动形式的不同，其构型主要有5种：_____、_____、_____、_____和_____。

3. 工业机器人系统中常用的坐标系为右手坐标系，即三个轴的正方向符合右手法则：右手大拇指指向_____轴正方向，食指指向_____轴正方向，中指指向_____轴正方向。

二、选择题

1. 工业机器人显著的特点有（　　）。

　① 拟人化　② 通用性　③ 独立性　④ 智能性　⑤ 安全性

　　A．③④⑤　　　　　　B．①③④　　　　　　C．①②③⑤　　　　　　D．①②③④

2. KR3 R540 机器人的重复定位精度是（　　）。

　　A．±0.01 mm　　　　B．±0.02 mm　　　　C．±0.05 mm　　　　D．±0.08 mm

三、简答题

1. 我国国家标准对工业机器人的定义是什么？

2. 什么是并联机器人？

3. 什么是工业机器人的自由度？

4. 什么是工业机器人的额定负荷？

5. 什么是工业机器人的工作空间？

6. 什么是工业机器人的重复定位精度？

7. 工业机器人的应用领域主要有哪些？

第 2 章
KUKA 机器人认知

在操作工业机器人时必须严格遵守相关安全操作规程，熟知工业机器人系统组成及其各部分功能，具备工业机器人组装能力。

2.1 安全操作注意事项

工业机器人在空间中运动时，其动作空间属于危险场所，可能发生意外事故。为确保安全，在操作工业机器人时，须遵守以下事项。

微课视频

KUKA 机器人基本认知

① 请不要戴手套操作示教器和操作面板。

② 在点动操作工业机器人时，要采用较低的速度倍率以保证操作安全。

③ 在按下示教器上的点动键之前，要考虑到工业机器人的运动趋势。

④ 当工业机器人静止时，永远不要认为工业机器人没有移动其程序就已经完成，因为这时工业机器人很有可能是在等待让它继续移动的输入信号。

⑤ 工业机器人周围区域必须清洁，无油、水及杂质等。

⑥ 在开机运行前，必须知道工业机器人根据所编程序将要执行的全部任务。

⑦ 必须知道所有会影响工业机器人移动的开关、传感器和控制信号的位置和状态。

⑧ 必须知道工业机器人控制器和外围控制设备上的紧急停止按钮的位置，以备在紧急情况下使用这些按钮。

⑨ 要预先考虑好避让工业机器人的运动轨迹，并确认该线路不受干涉。

2.2　KUKA 机器人简介

1995 年，库卡（KUKA）机器人有限公司于德国巴伐利亚州的奥格斯堡建立，是世界领先的工业机器人制造商之一。KUKA 是 Keller und Knappich Augsburg 的 4 个首字母组合，它同时是库卡公司所有产品的注册商标。我国家电企业美的集团在 2017 年 1 月顺利收购德国机器人公司库卡 94.55% 的股权。KUKA 机器人广泛应用在仪器仪表、汽车、航天、消费产品、物流、食品、制药、医学、铸造、塑料等行业，以及材料处理、机床装料、装配、包装、堆垛、焊接、表面修整等领域。

2.2.1　产品系列

KUKA 机器人产品系列可以分为小型、低负荷、中等负荷、高负荷、重负载、协作型等机器人，负载范围 3 ～ 1 300 kg，如图 2-1 所示。以下是 KUKA 机器人主要型号的简介（具体的参数规格以 KUKA 官方最新公布数据为准）。

图 2-1　KUKA 机器人产品系列

1. 小型机器人

KR3 R540 机器人是 KUKA 同级别机器人中最轻，大小和人手臂相近的迷你型机器人。其额定负载为 3 kg，本体重量为 26 kg，工作空间达 541 mm，重复定位精度为 ±0.02 mm。主要应用于装配、物料搬运、上下料、机加工等，如图 2-2 所示。

2. 低负荷机器人

KR16-2 机器人结构紧凑，动作性能优越，额定负载为 16 kg，本体重量为 235 kg，工作范围达 1 611 mm，重复定位精度为 ±0.05 mm。主要应用于切割、上下料、物料搬运、装配、测量等场景，如图 2-3 所示。

3. 中等负荷机器人

KR60 机器人额定负载为 60 kg，本体重量为 665 kg，工作区域达 2 033 mm，重复定位精度为 ±0.15 mm。主要用于高精度作业，尤其适用于激光应用领域或部件测量领域，如图 2-4 所示。

图 2-2　KR3 R540 机器人　　　图 2-3　KR16-2 机器人　　　图 2-4　KR60 机器人

4. 高负荷机器人

KR 240 R3200 机器人是一款大型高速机器人，其额定负载为 240 kg，本体重量为 1 103 kg，工作区域达 3 195 mm，重复定位精度为 ±0.06 mm。主要应用于装配、码垛、物料搬运、上下料、机加工等，如图 2-5 所示。

5. 重负载机器人

KR 1000 TITAN 机器人动作范围广，负载能力大，可快速地搬运重物。其额定负载为 1 000 kg，本体重量为 4 700 kg，工作区域达 3 202 mm，重复定位精度为 ±0.1 mm，主要应用于机加工、上下料、物料搬运、包装、拾料等。可精确地传送电机组、砖石、玻璃、钢梁、船舶部件、飞机部件、大理石毛块、混凝土制品等，如图 2-6 所示。

6. 协作型机器人

LBR iiwa 14 R820 机器人是 KUKA 第一款量产的灵敏型机器人，也是具有人机协作能力的机器人。它的特点是反应快速、自适应、灵敏度高、独立。其额定负载为 3 kg，本体重量为 30 kg，工作区域达 820 mm，重复定位精度为 ±0.15 mm，主要应用于测量、检测、组装、涂胶等，如图 2-7 所示。

图 2-5　KR 240 R3200 机器人　　　图 2-6　KR 1000 TITAN 机器人　　　图 2-7　LBR iiwa 14 R820 机器人

2.2.2　专用术语

在学习 KUKA 机器人过程中会遇到很多专用术语，比如在示教器、手册以及相关书籍中。KUKA 机器人常用术语见表 2-1。

表 2-1 KUKA 机器人常用术语

术语缩写	说明
KUKA ROBOT GmbH	GmbH（Gesellschaft mit beschraenkter Haftung）是德国、奥地利、瑞士等国家的一种公司组织形式
CK	客户专用运动系统
DTM	Device Type Manager 缩写，即设备类型管理器
KCP	KUKA Control Panel 缩写，即 KUKA 控制面板，是 KUKA 机器人手持式编程器的一般名称，即示教器
KLI	KUKA Line Interface 缩写，即 KUKA 线路接口。KLI 是用于外部通信的工业机器人控制系统的以太网接口。它是物理接口，可包含多个虚拟接口。KLI 是在 KUKA 系统软件中配置的
KRL	KUKA Robot Language 缩写，即 KUKA 机器人编程语言
KSI	KUKA Service Interface 缩写，即 KUKA 服务接口，是控制柜上 CSP 上的接口。WorkVisual 电脑可通过 KLI 与工业机器人控制系统连接，或将其插在 KSI 上以进行连接
KSS	KUKA System Software 缩写，即 KUKA 系统软件
KRC	KUKA Robot Control 缩写，即 KUKA 机器人控制器
VRC	Virtual Robot Control 缩写，即 KUKA 虚拟机器人控制器
smartHMI	KUKA 机器人控制系统 (V)KR C4 的操作界面的名称
smartPAD	KUKA 机器人控制系统 (V)KR C4 的控制面板的名称
OPS	离线编程系统，也叫"Office-PC"
KrcDiag	KUKA 机器人控制器诊断系统
SafeOperation	可实现配置除标准安全功能以外的安全监控的选项总括性概念

2.3 KUKA 机器人项目实施流程

KUKA 机器人项目在实施过程中主要包括 7 个环节：项目分析、机器人组装、系统配置、坐标系建立、I/O 信号配置、编程、自动运行，其流程如图 2-8 所示。

项目分析阶段需要考虑工作环境、机器人选型、现场布局及设备间通信等；对于刚出厂的 KUKA 机器人需要完成相关系统配置，否则无法启动和运行机器人，具体配置过程详见本章 2.6 节或者技术手册；坐标系建立一般包括工具坐标系建立和基坐标系建立。

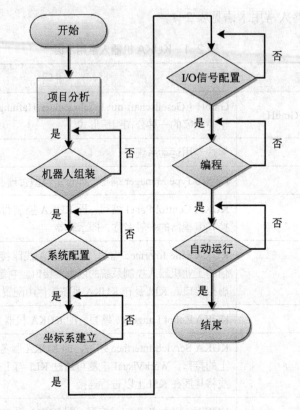

图 2-8 KUKA 机器人项目实施流程

2.4 工业机器人系统组成

工业机器人一般由 3 部分组成：机器人本体、控制器、示教器。

本书以 KUKA KR3 R540 机器人为例进行相关介绍和应用分析，其组成结构如图 2-9 所示。

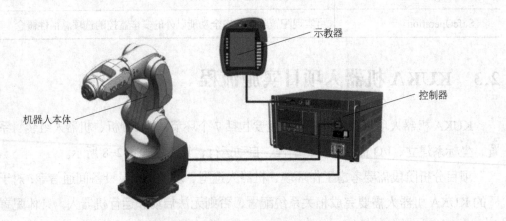

图 2-9 KR3 R540 机器人组成结构

2.4.1 工业机器人本体

工业机器人本体又称操作机，是工业机器人的机械主体，是用来完成规定任务的执行机构。它主要由机械臂、驱动装置、传动装置和内部传感器组成。对于6轴机器人而言，其机械臂主要包括基座、腰部、手臂（大臂和小臂）和手腕。

KR3 R540 6 轴机器人的机械臂如图 2-10 所示。

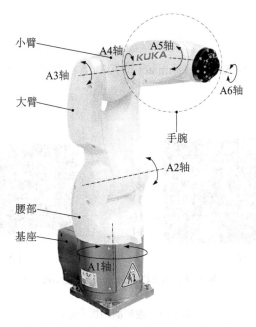

图 2-10　KR3 R540 机器人的机械臂

图 2-10 所示的 A1~A6 为 KR3 R540 机器人的 6 个轴。KR3 R540 机器人的特性见表 2-2。

表 2-2　KR3 R540 机器人的特性

类　别	特性说明	类　别	特性说明
重复定位精度	±0.02 mm	防护等级	IP40
机器人安装	地面安装，屋顶安装，墙壁安装	控制器	KRC4 Compact

机器人运动范围如表 2-3 所示。

表 2-3　机器人运动范围

轴运动	工作范围	最大速度
A1 轴	−170° ～ +170°	530°/s
A2 轴	−170° ～ +50°	529°/s
A3 轴	−110° ～ +155°	538°/s

轴运动	工作范围	最大速度
A4 轴	−175° ～ +175°	600° /s
A5 轴	−120° ～ +120°	600° /s
A6 轴	−350° ～ +350°	800° /s

2.4.2 控制器

KR3 R540 机器人采用 KR C4 Compact 型控制器，其外形如图 2-11 所示。控制器面板介绍见表 2-4。

（a）正面　　　　　　　　　　　　　（b）背面

图 2-11　KR C4 Compact 型控制器

表 2-4　控制器面板介绍

序　号	名称代号	说　明
1	KONI	KUKA 选项网络接口，USB 端口可用作数据存储
2	X55	自带 IO 模块 DC24 V 电源输入端
3	X11	数字安全，外部供电，负载电压，控制器紧急停机装置
4	X19	示教器（smartPAD）电缆接口
5	X65	KUKA EtherCAT 扩展总线接口
6	X69	备用以太网接口
7	X21	编码器数据线接口，用于机器人本体编码器电缆与控制器连接
8	X66	KUKA 线路接口，可连接 WorkVisual 软件
9	Q1	控制器电源总开关。I 表示上电、绿灯亮；O 表示断电、灯灭
10	K1	控制器电源输入端，AC220 V 50/60 Hz
11	X20	电机动力线接口，用于机器人本体电机动力电缆与控制器连接

2.4.3 示教器

1. 简介

示教器是工业机器人的人机交互接口，工业机器人的绝大部分操作均可以通过示教器来完成，如点动工业机器人，编写、测试和运行工业机器人程序，设定、查阅工业机器人状态设置和位置等。示教器通过电缆与控制器连接。

KUKA 机器人的示教器又称 smartPAD，如图 2-12 所示。smartPAD 主要包括：触摸屏（触摸式操作界面），大尺寸竖型显示屏、KUKA 菜单键、8 个移动键、操作工艺数据分组的按键、程序运行的按键、6D 鼠标等。

2. 主要功能

示教器主要的功能是处理与工业机器人系统相关的操作，如下所示。

① 工业机器人的手动操纵。

② 程序创建。

③ 程序的测试执行。

④ 工业机器人自动程序运转。

⑤ 工业机器人状态确认。

2.5 工业机器人组装

2.5.1 首次组装工业机器人

KR3 R540 机器人的完整装箱如图 2-13 所示。

图 2-12 示教器外观

图 2-13 KR3 R540 机器人的完整装箱

1. 拆箱

通过专业的拆卸工具打开箱子，确认装箱清单（标准配置），配件如图 2-14 所示。

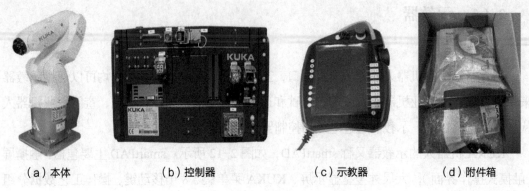

（a）本体 　　　　（b）控制器 　　　　（c）示教器 　　　　（d）附件箱

图 2-14　配件

2. 机器人安装固定

KR3 R540 机器人的安装对其功能的发挥十分重要，在实际工业生产中有 3 种常见的安装方式，如图 2-15 所示。

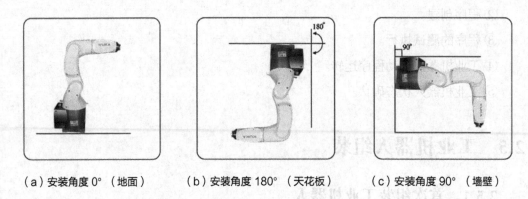

（a）安装角度 0°（地面）　　　（b）安装角度 180°（天花板）　　　（c）安装角度 90°（墙壁）

图 2-15　KR3 R540 机器人常用的安装方式

本书以最常用的图 2-15（a）所示的方式来讲解 KR3 R540 机器人安装固定方法及其相关应用。其他安装方法可参阅 KUKA 相关手册。

KR3 R540 机器人安装条件相关的参数见表 2-5。

表 2-5　安装相关参数

参数名称	参数值
环境温度	5 ℃ ~ 45 ℃
机器人基座尺寸	179 mm × 179 mm
机器人重量	26 kg

在安装 KR3 R540 机器人前，须确认安装尺寸。KR3 R540 机器人基座上的孔距为 150 mm × 150 mm，如图 2-16 所示。

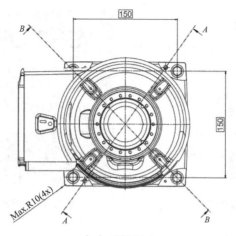

（a）基座尺寸

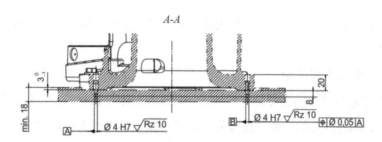

（b）*A-A* 剖视图

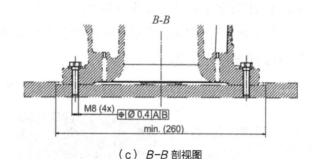

（c）*B-B* 剖视图

图 2-16　KR3 R540 机器人基座尺寸

KR3 R540 机器人正确吊装姿态如图 2-17 所示。

KR3 R540 机器人安装完成效果如图 2-18 所示。

安装过程中需要注意如下事项。

① 必须按规范操作。

② KR3 R540 机器人重 26 kg，必须使用相应负载能力的起吊附件。

③ 将 KR3 R540 机器人固定到其基座之前，切勿改变其姿态。

④ KR3 R540 机器人的固定必须牢固可靠。

⑤ 在安装过程中必须时刻注意安全。

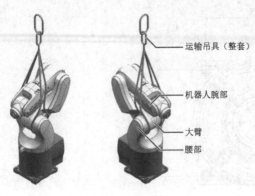

运输吊具（整套）

机器人腕部

大臂

腰部

图 2-17　正确吊装

图 2-18　KR3 R540 机器人安装效果

2.5.2　电缆线连接

KR3 R540 机器人系统之间的电缆线连接分两类：系统内部的电缆线连接和系统外围的电缆线连接。

1. 系统内部的电缆线连接

系统内部的电缆线连接主要分 3 种情况：机器人本体与控制器、示教器与控制器、电源与控制器。必须将内部的电缆线连接完成，才可以实现机器人的基本运动。

（1）KR3 R540 机器人本体与控制器

KR3 R540 机器人本体与控制器之间的连接线有两根，分别为电机动力线和编码器数据线。KR3 R540 机器人本体侧出厂已连接，需根据图 2-19 所示完成控制器一侧的连接。KR3 R540 机器人本体与控制器导线连接见表 2-6。

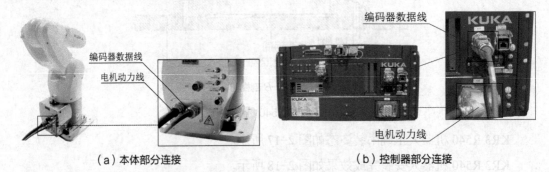

（a）本体部分连接　　　　　　　　　　　　（b）控制器部分连接

图 2-19　KR3 R540 机器人本体与控制器连线

表 2-6　KR3 R540 机器人本体与控制器导线连接

名称	控制器接入口	本体接入口
电机动力线	X20	默认已连接
编码器数据线	X21	默认已连接

（2）示教器与控制器

示教器电缆线为灰色线，一端已连接至示教器，将另一端接口对准控制器 X19 端口插入，如图 2-20 所示。

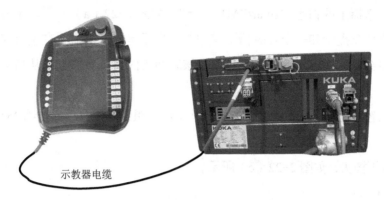

示教器电缆

图 2-20　示教器电缆线连线

① 插入示教器。

在插入示教器之前，首先要确保使用相同规格的示教器。具体插入步骤如下。

a. 将示教器电缆插头对准控制器 X19 接口（注意接口和示教器插头上的标记），如图 2-21（a）所示。

b. 插头插入后，向上推插头，如图 2-21（b）所示。推上时，上部的黑色部件自动旋转约 25°。

c. 插头自动卡止，此时标记相对，如图 2-21（c）所示。

（a）插头对准接口　　　　　　（b）插头插入接口　　　　　　（c）插头卡止

图 2-21　插入示教器

示教器连接至 KR3 R540 机器人控制器后，必须保持至少 30 s，直到紧急停止和确认开关后再次恢复正常功能，以避免出现在紧急情况下使用紧急停止装置而暂时无效的情况。

一般情况下，插入的示教器将应用 KR3 R540 机器人控制器的当前运行模式。但如果是一个 RoboTeam 的机器人控制系统，则运行模式可能在拔出之后发生变化。

② 拔下示教器。

KUKA 机器人的示教器具有热插拔功能，在不需要使用时，可以直接拔掉。具体拔下步骤如下。

a. 按下示教器上的白色"smartPAD"按钮，如图 2-22（a）所示。示教器操作界面上会显示一个信息提示和一个计时器。其中信息提示是提醒当前正在进行拔下示教器的操作，计数器会计时 25 s，操作人员必须在该时间段内将示教器电缆从机器人控制器上拔下。

b. 沿着示教器插头上标记的箭头方向，将上部的黑色部件自动旋转约 25°，如图 2-22（b）所示。

c. 向外拔下插头，如图 2-22（c）所示。

smartPAD 按钮

黑色插头部件

（a）smartPAD 按钮　　　（b）旋转插头部件　　　（c）插头拔下

图 2-22　拔下示教器

拔下示教器时需要注意以下几点。

• 如果在计数器未运行的情况下拔下示教器，则会触发紧急停止，只有重新插入示教器才能消除。

• 如果在计数器计时期间没有及时拔下示教器，则此次计时失效，可通过再次按下"smartPAD"按钮，以再次显示信息提示和计时器。

• 如果已拔下示教器，则无法再通过示教器上的紧急停止按钮来关断设备，因此必须在机器人控制系统上另外接一个紧急停止装置。

• 示教器拔下后，应立即从设备中撤离并妥善保管，且保管处应远离在工业机器人处作业的工作人员的视线和作用范围，以防止混淆有效的和无效的紧急停止装置，避免造成人身伤害及财产损失。

（3）电源与控制器

将电源线插入面板 K1 接口，另一端接入 220V/50Hz 电源，如图 2-23 所示。

图 2-23　电源电缆线

注意：电源线接口默认采用欧标规格插头，若想插入国标插头，需采用欧标转换插头。

2. 系统外围的电缆线连接

系统外围的电缆线连接主要指机器人本体与末端执行器，用以实现机器人的具体作业功能。

KR3 R540 机器人本体与末端执行器（工具）之间的电缆线连接接口，如图 2-24 所示。

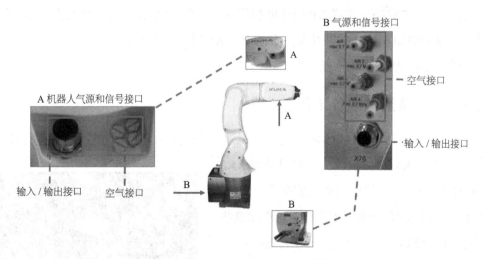

图 2-24　KR3 R540 机器人本体与末端执行器

输入 / 输出信号接口分别为基座处接口 X76 和四轴手腕处接口 X96，两个接口预留 8 根线，引脚一一对应。

除了信号接口之外，四轴手腕处，KR3 R540 机器人本体内预留 4 路气源接口，分别为 AIR1 ～ AIR4，最大承受压力 0.7 MPa，气管外径 4 mm。

2.6 首次通电测试

2.6.1 首次通电准备工作

进行 KR3 R540 机器人首次通电时，必须确认当前 KR3 R540 机器人的状态，确认正常后，才可以通电开机测试。

KR3 R540 机器人当前状态需要确认以下内容。

① 确认 KR3 R540 机器人本体、控制器及机器人相关硬件已固定牢固。

② 确认 KR3 R540 机器人电机导线、数据线、示教器线已连接。

③ 确认 KR3 R540 机器人固定支架已拆除，无阻止机器人运动的固定装置。

④ 确认 KR3 R540 机器人控制器总开关为 I 挡，灯灭状态。

⑤ 确认 KR3 R540 机器人电源线已连接好，接入电源为 220 V/50 Hz。

确认以上状态正常后，方可打开控制器总电源，KR3 R540 机器人接通电源后进入开机画面，等待 KR3 R540 机器人完成开机启动。

2.6.2 投入运行模式

在 KR3 R540 机器人系统还没有完全配置好的情况下，可以通过投入运行模式进行手动控制 KR3 R540 机器人。在投入运行模式下，控制器将屏蔽所有报警，使得控制器驱动装置可以处于上电状态，完成 KR3 R540 机器人手动移动控制。如果没有进行系统配置，则开机后 KR3 R540 机器人报警并无法手动操作 KR3 R540 机器人。

进入投入运行模式步骤见表 2-7。

2.6.3 正常通电准备工作

首次通电完成后，KR3 R540 机器人可以进入正常启动画面，通过投入运行模式可以简单地操作 KR3 R540 机器人。但是此时 KR3 R540 机器人会有很多报警，如外部安全运行停止，RDC 存储器和控制系统不一致等。只有消除这些报警后，KR3 R540 机器人才算完成正常通电。

1. 电池电源线连接

首次开机启动时，电池的电源线是未连接的，需要插上。通过内六角扳手，打开控制器，找到标记为 X305 的电缆线，并将其插入电池电源线插头，如图 2-25 所示。

图 2-25 电池电源线 X305 插线位置

表2-7　投入运行模式进入步骤

序号	图片示例	操作步骤
1	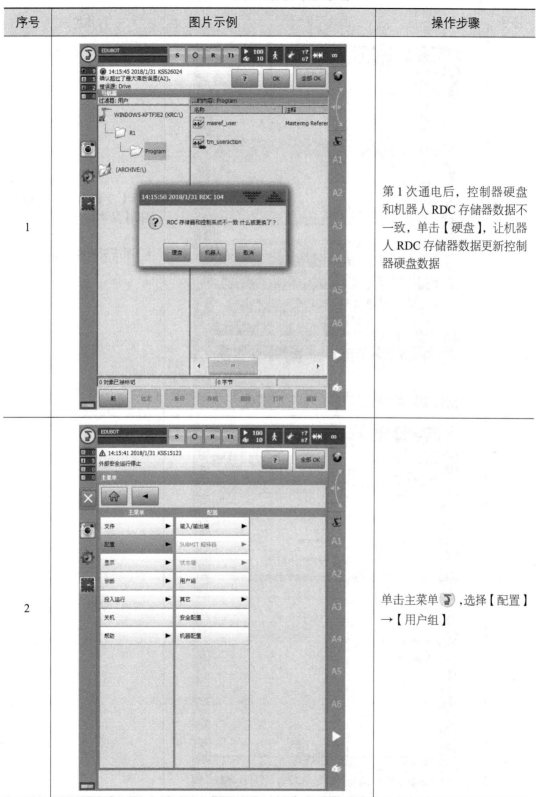	第1次通电后，控制器硬盘和机器人RDC存储器数据不一致，单击【硬盘】，让机器人RDC存储器数据更新控制器硬盘数据
2		单击主菜单，选择【配置】→【用户组】

续表

序号	图片示例	操作步骤
3	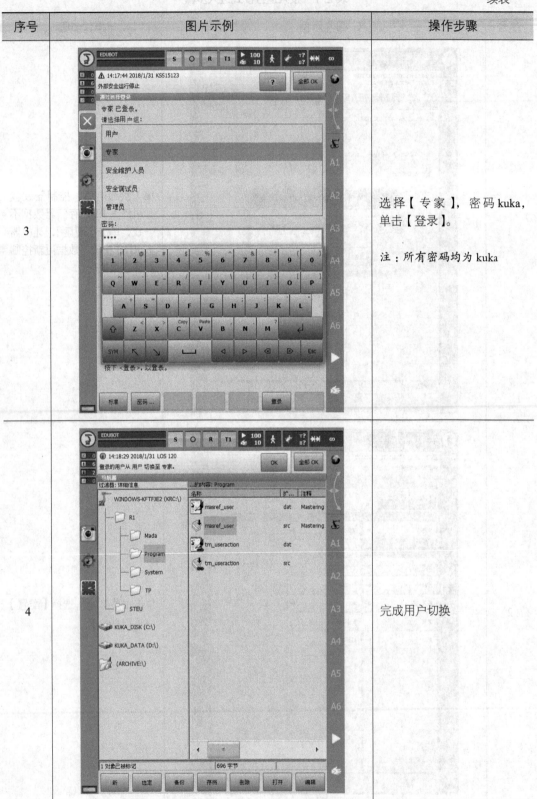	选择【专家】，密码 kuka，单击【登录】。 注：所有密码均为 kuka
4		完成用户切换

续表

序号	图片示例	操作步骤
5	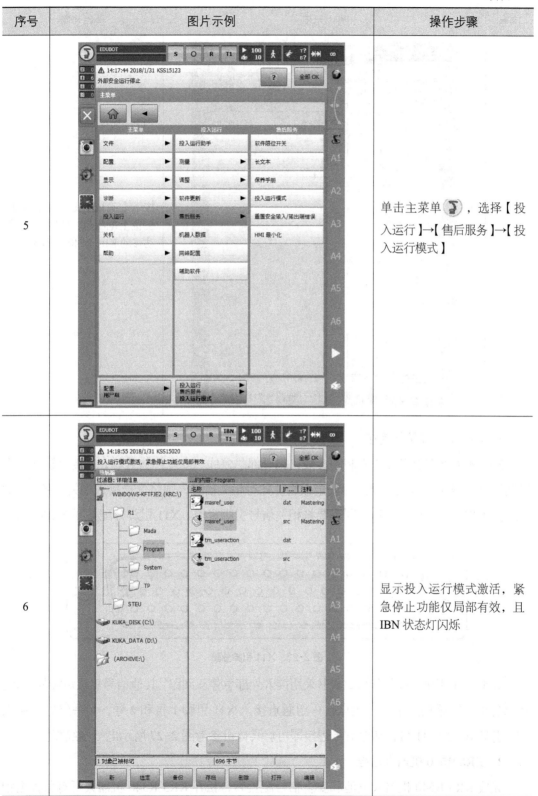	单击主菜单 ，选择【投入运行】→【售后服务】→【投入运行模式】
6		显示投入运行模式激活，紧急停止功能仅局部有效，且IBN状态灯闪烁

续表

序号	图片示例	操作步骤
7	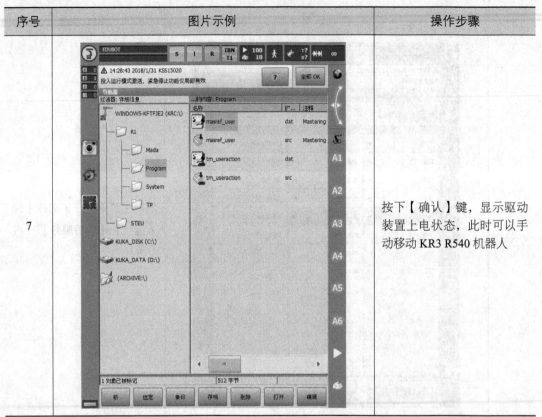	按下【确认】键，显示驱动装置上电状态，此时可以手动移动 KR3 R540 机器人

2. X11 安全插头线连接

X11 插头上有很多安全机制的接线，如外部急停线、安全门信号等，需要将这些安全机制正确接线才能消除机器人的安全报警。如有相关信号，则将信号接入相关设备中；如没有使用相关安全机制信号，则需要将相关信号引脚短接。X11 引脚分配如图 2-26 所示。

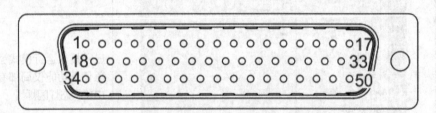

图 2-26　X11 引脚分配

关于 X11 引脚的配置接线，本书采用接入外部急停双回路，其他信号默认短接的方式。外部急停按钮采用两个常闭触点，一组触点接入 X11 引脚 1 号和 2 号，另一组触点接入 X11 引脚 10 号和 11 号，其他信号短接即可。具体可参考图 2-27 所示电气接线图。

3. KR3 R540 机器人通电

完成 KR3 R540 机器人电池和安全信号配置后，松开 KR3 R540 机器人所有急停则相关报警信号消除，KR3 R540 机器人进入正常状态，驱动装置可以正常上电。

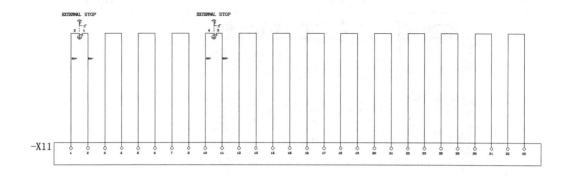

图 2-27　X11 电气接线图

安全配置的过程，具体步骤见表 2-8。

表 2-8　安全配置步骤

序号	图片示例	操作步骤
1	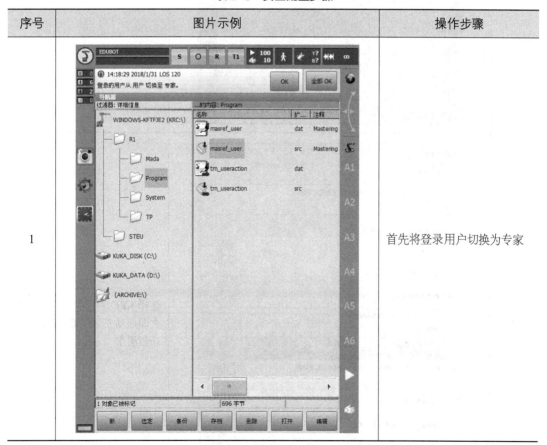	首先将登录用户切换为专家

续表

序号	图片示例	操作步骤
2	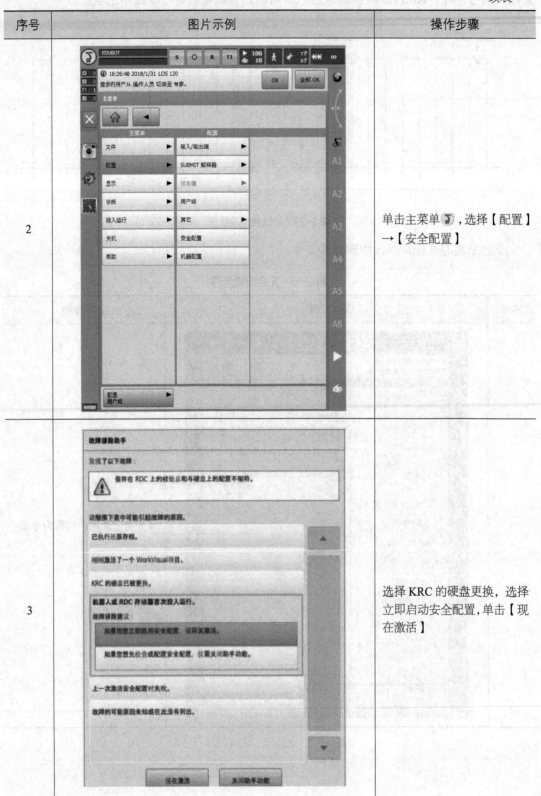	单击主菜单 🕤 ，选择【配置】→【安全配置】
3		选择 KRC 的硬盘更换，选择立即启动安全配置，单击【现在激活】

续表

序号	图片示例	操作步骤
4	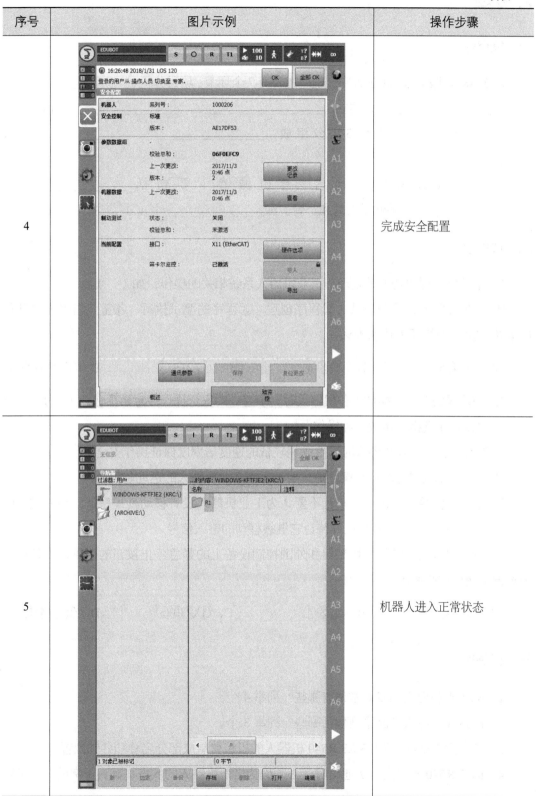	完成安全配置
5		机器人进入正常状态

思考题

一、填空题

1. KUKA机器人项目在实施过程中主要有7个环节：项目分析、_____、_____、坐标系建立、_____、_____、自动运行。

2. 工业机器人一般由3部分组成：_____、_____、_____。

3. 对于6轴机器人而言，其机械臂主要包括_____、_____、手臂（大臂和小臂）和_____。

二、选择题

1. 示教器主要的功能是处理与工业机器人系统相关的操作，如（ ）。

① 工业机器人的手动操纵 ②程序创建 ③程序的测试执行 ④工业机器人自动程序运转 ⑤ 工业机器人状态确认

    A. ③④⑤   B. ①③④   C. ①②③⑤   D. ①②③④⑤

2. 为确保安全，在操作工业机器人时，须遵守的安全操作注意事项包括（ ）。

① 可以戴手套操作示教器和操作面板

② 在点动操作工业机器人时，要采用较低的速度倍率以保证操作安全

③ 在按下示教器上的点动键之前，要考虑到工业机器人的运动趋势

④ 当工业机器人静止时，永远不要认为工业机器人没有移动其程序就已经完成，因为这时工业机器人很有可能是在等待让它继续移动的输入信号

⑤ 必须知道工业机器人控制器和外围控制设备上的紧急停止按钮的位置，以备在紧急情况下使用这些按钮

    A. ①④⑤   B. ①③④   C. ①②③⑤   D. ②③④⑤

三、简答题

1. KUKA机器人的专业术语有哪些？列举4个。

2. KUKA机器人产品系列包括哪些？列举3个。

3. 请在图2-28中标出KR3 R540机器人的机械臂组成部分名称和各轴位置。

4. KR3 R540机器人首次通电时，必须确认当前机器人的状态，确认正常后，才可以

通电开机测试。KR3 R540 机器人当前状态需要确认哪些内容？

图 2-28　KR3 R540 机器人的机械臂

第 3 章
示教器认知

在进行机器人示教时，需要操作者对示教器有一定的认知，需要操作者能够使用示教器，完成工业机器人基本运动操作。通过本章学习可以让读者了解 KUKA 示教器的结构、功能以及操作方式等。

3.1 示教器介绍

微课视频

示教器认知

示教器是工业机器人的人机交互接口，工业机器人的所有操作基本上都是通过示教器来完成的，如手动操作工业机器人，编写、测试和运行工业机器人程序，设定、查阅工业机器人状态设置和位置等。

3.1.1 示教器手持方式

操作工业机器人之前必须学会正确持拿示教器，示教器的手持方式有两种，见表 3-1。

表 3-1 示教器正确的手持姿势

手持方式	正面	背面	说明
方式一			① 两手握住示教器，四指用于按压确认开关。 ② 习惯右手操作的人，左手按压确认开关，右手操作示教器；习惯左的操作的人，右手按压确认开关，左手操作示教器

续表

手持方式	正面	背面	说明
方式二			左手按住示教器背面的确认开关，右手对显示屏和按钮进行操作

3.1.2 示教器构成

示教器的构成见表 3-2。

表 3-2 示教器构成

相关部分	说明
按钮	28 个
急停按钮	1 个
钥匙开关	1 个
6D 鼠标	1 个
确定开关	3 个
USB 内存支持	支持（仅适用于 FAT32 格式的 USB）
是否配备触摸笔	是
支持左手与右手使用	支持

3.1.3 外形结构

示教器外形结构如图 3-1 所示，其各部分功能介绍见表 3-3。

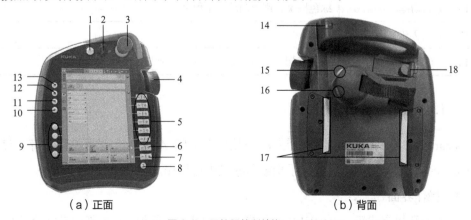

（a）正面　　　　　　　　　　（b）背面

图 3-1 示教器外形结构

表 3-3　示教器各部分功能介绍

序号	名称	功能说明
1	smartPAD 按钮	用于将示教器从控制器上取下
2	模式选择	用于调用连接管理器的钥匙开关，只有当钥匙插入时，方可转动开关。可以通过连接管理器切换 4 种运行模式：T1、T2、AUT 和 EXT
3	紧急停止按钮	当发生危险时按下此按钮，工业机器人将立即停止工作
4	6D 鼠标	用于手动移动工业机器人
5	移动键	用于手动移动工业机器人
6	程序倍率键	用于设定程序运行速度倍率调节，以 100%、75%、50%、30%、10%、3%、1% 步距为单位进行设定
7	手动倍率键	用于设定手动运行速度倍率调节，以 100%、75%、50%、30%、10%、3%、1% 步距为单位进行设定
8	主菜单键	用于将菜单项显示在 smartHMI 上
9	工艺键	主要用于设定工艺程序包中的参数。其确切的功能取决于所安装的工艺程序包
10	启动键	用于启动一个程序
11	逆向启动键	用于逆向启动一个程序，程序将逐步运行
12	暂停键	用于暂停正在运行中的程序
13	键盘键	当 smartHMI 需要键盘时，按下此键可自动显示键盘
14	smartPAD 示教笔	用于操作示教器触摸屏
15	确认开关	确认开关有 3 个位置：未按下、中间位置、完全按下。 ① 在运行模式 T1 或 T2 下，确认开关位于中间位置时，机器人处于电机上电状态；未按下或完全按下时，无法执行机器人操作。 ② 机器人处于 AUT 模式和 EXT 模式时，确认开关不起作用
16	启动键	绿色按键，用于启动一个程序
17	确认开关	同 15
18	USB 接口	用于存档、还原等操作。仅适用于 FAT32 格式的 USB

3.1.4　smartHMI 介绍

smartHMI 是 KUKA 机器人开发的一款可对 KUKA 机器人进行编程储存、读取、反辐射超大高清的触摸屏，可通过手指或示教笔进行操作。

1. 操作界面

示教器开机完成后，smartHMI 操作界面，如图 3-2 所示，其各部分功能介绍见表 3-4。

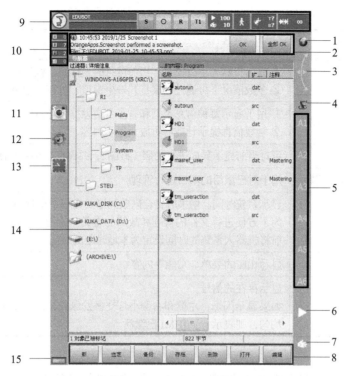

图 3-2 smartHMI 操作界面

表 3-4 smartHMI 操作界面功能介绍

序号	名称	功能说明
1	6D 鼠标状态显示	① 用于显示用 6D 鼠标手动运行时的当前坐标系。 ② 触摸该显示可显示所有坐标系并选择所需坐标系
2	信息窗口	① 默认设置时只显示最后一个信息提示。 ② 触摸提示信息可放大该窗口并显示所有带处理的信息。 可以被确定的信息可用【OK】确定；所有可以被确定的信息可用【全部 OK】一次性全部确定
3	6D 鼠标定位	触摸该显示会打开一个显示鼠标当前定位的窗口，在窗口中可以修改定位
4	显示运行键	① 显示手动运行时的当前坐标系。 ② 触摸该显示可显示所有坐标系并选择所需坐标系
5	运行键标记	① 关节运动模式下，显示各轴轴号：A1~A6。 ② 直角坐标系下，显示坐标系的位置（X、Y、Z）和方向（A、B、C）
6	程序倍率	调节程序执行时机器人的运行速度，以 100% ↔ 75% ↔ 50% ↔ 30% ↔ 10% ↔ 3% ↔ 1% 顺序变化
7	手动倍率	调节手动操作时机器人的运行速度，以 100% ↔ 75% ↔ 50% ↔ 30% ↔ 10% ↔ 3% ↔ 1% 顺序变化
8	按键栏	① 针对激活的不同窗口，显示会自动变化。 ② 最右侧是按键编辑，可以调用导航器的多个指令

续表

序号	名称	功能说明
9	状态栏	① 显示机器人运行模式、当前运行的坐标系、程序状态等。 ② 多数情况下可通过触摸打开一个窗口，可在其中更改设置
10	信息提示计数器	① 用于显示每种信息类型和有多少信息提示等待处理。 ② 触摸信息提示计数器可放大显示内容
11	相机	可对当前显示界面进行拍照（截图），并保存至相关存储器
12	WorkVisual 图标	用于对已激活的项目进行管理
13	时钟	显示系统时间。触摸时钟会以数码形式显示系统时间以及当前日期。 为了方便进行文件的管理和故障的查阅与管理，通常在进行各种操作之前将机器人系统的时间设定为本地时区的时间
14	主界面	显示相应的菜单、功能等内容
15	信号显示	显示存在的信号。 如果显示闪烁，左侧和右侧小灯交替发绿光，并且交替缓慢（约 3s）而均匀，则表示 smartHMI 已激活

2. 主菜单

smartHMI 操作界面中的主菜单如图 3-3 所示，其各部分功能介绍见表 3-5。

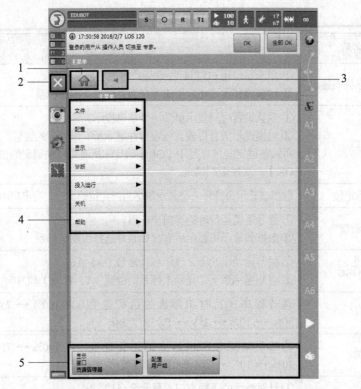

图 3-3　主菜单

表3-5 主菜单功能介绍

序号	名称	功能说明
1	Home 键	显示所有打开的下级菜单。当下级菜单的层数较多时，显示屏上可能会看不到主菜单栏，而只能看到下级菜单，此时需要按该键显示所有下级菜单
2	关闭按钮	关闭主界面中的菜单、菜单项等窗口
3	返回键	返回上一级菜单
4	主菜单栏	显示主菜单所有功能子菜单
5	菜单项	显示所打开的子菜单选项（最多6个），触摸可直接打开所选菜单项界面

3. 状态栏

图 3-4 中所示为状态栏界面实际应用显示的状态，其各部分功能介绍，见表 3-6。

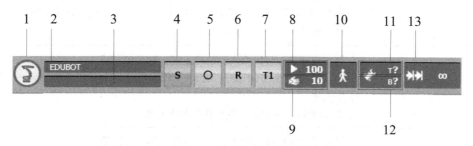

图 3-4 smartHMI 状态栏界面介绍

表3-6 状态栏功能介绍

序号	名称	功能说明
1	主菜单	用于切换并显示主菜单
2	机器人名称	显示机器人的名称，可更改
3	程序名称	显示当前选择的程序名称
4	SUBMIT 解释器	显示提交解释器的状态，即显示程序整体的状态。 ① 黄色 S：选择了 SUBMIT 解释器，语句指针位于所选提交程序的首行。 ② 绿色 S：已选择 SUB 程序并且正在运行。 ③ 红色 S：SUBMIT 解释器被停止。 ④ 灰色 S：SUBMIT 解释器未被选择
5	驱动装置	显示驱动装置的状态。 ① 绿色 I：驱动装置已接通。确认开关已按下（中间位置），或不需要确认开关，并且防止机器人移动的提示信息不存在。 ② 灰色 I：确认开关未按下或没有完全按下，或有防止机器人移动的提示信息存在。 ③ 灰色 O：驱动装置已关断

续表

序号	名称	功能说明
6	机器人解释器	显示机器人解释器的状态，即显示程序内部的运行状态。 ① 灰色 R：未选定程序。 ② 黄色 R：语句指针位于所选程序的首行。 ③ 绿色 R：已经选择程序，并运行完毕。 ④ 红色 R：所选并启动的程序被暂停。 ⑤ 黑色 R：语句指针位于所选程序的最后行
7	运行模式	显示机器人当前的运行模式。 ① T1 模式：即手动慢速运行模式，用于测试运行、编程和示教。程序执行或手动运行时最高速度为 250 mm/s。 ② T2 模式：即手动快速运行模式，用于测试运行。程序执行的速度等于编程设定速度，手动运行则无法运行。 ③ AUT 模式：即自动运行模式，机器人处于外部运行方式下，用于不带上级控制系统（如 PLC）的程序自动运行。速度与 T2 模式相同。 ④ EXT 模式：即外部自动运行模式，用于带上级控制系统的程序自动运行。速度与 T2 模式相同
8	程序倍率	显示程序执行时机器人的运行速度，触摸可调节。 ① 正负键：以 100% ↔ 75% ↔ 50% ↔ 30% ↔ 10% ↔ 3% ↔ 1% 顺序变化。 ② 调节器：以 1% 步距为单位进行更改
9	手动倍率	显示手动操作时机器人的运行速度，触摸可调节。 ① 正负键：以 100% ↔ 75% ↔ 50% ↔ 30% ↔ 10% ↔ 3% ↔ 1% 顺序变化。 ② 调节器：以 1% 步距为单位进行更改
10	程序运行方式	显示并调节程序的运行方式。 GO，表示程序不停顿地运行，直至程序结尾。 动作，表示程序运行过程中在每个点上暂停，包括在辅助点和样条段点上暂停。对每一个点都必须重新按下启动键。程序没有预进就开始运行。 单个步骤，表示程序在每一程序运行后暂停。在不可见的程序行和空行后也要暂停。对每一个行都必须重新按下启动键。程序没有预进就开始运行。仅供"专家"用户组使用。 逆向，表示反向逐行执行程序。不得通过其他方式选择
11	工具坐标号	显示并可切换使用的工具坐标系
12	基坐标号	显示并可切换使用的基坐标系

续表

序号	名称	功能说明
13	增量移动	使机器人按照所定义的距离（100 mm/0°、10 mm/3°、1 mm/1°或 0.1 mm/0.005°）移动，并自行停止。用空间鼠标运行时不可用。若机器人的运动被中断，例如松开确认开关，则在下一个动作中被中断的增量不会继续，而会开始一个新的增量

4. 信息窗口

KUKA 机器人的信息提示类型分为 5 种：确认信息、状态信息、提示信息、等待信息和对话信息，具体介绍见表 3-7。

表 3-7　信息提示介绍

序号	类型	图标	说明
1	确认信息		① 用于显示需操作者确认才能继续处理机器人程序的状态，例如"确认紧急停止"。 ② 确认信息始终引发机器人停止或抑制机器人运动
2	状态信息		① 用于显示控制器的当前状态，例如"紧急停止"。 ② 只要控制器的当前状态存在，状态信息便无法被确认
3	提示信息		① 提供有关正常操作机器人的信息，例如"需要启动键"。 ② 提示信息可被确认。但是只要不使控制器停止，则无须确认
4	等待信息		① 说明控制器在等待某一事件，例如状态、信息、时间。 ② 可通过按"模拟"键手动取消 注意：指令"模拟"只允许在能够排除碰撞和其他危险的情况下使用
5	对话信息		① 用于与操作者的直接通信、问询等。 ② 将出现一个含各种按键的信息窗口，用这些按键可给出各种不同的回复

3.2　示教器常用功能

smartPAD 常用的功能包括：语言设置、用户组切换、运行模式选择、坐标系切换等。

3.2.1　语言设置

示教器画面出厂默认语言为英文，用户可以将其设定其他语言，以中文为例，具体步骤见表 3-8。

表 3-8　语言设置

序号	图片示例	操作步骤
1	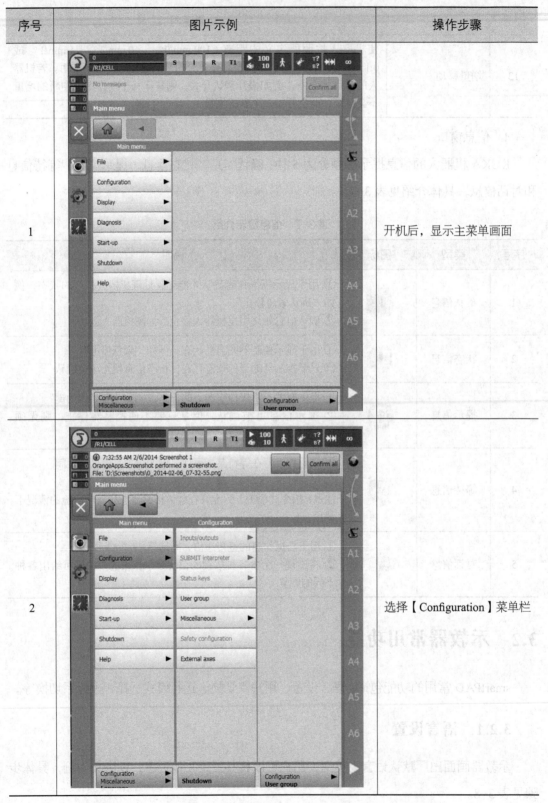	开机后，显示主菜单画面
2		选择【Configuration】菜单栏

续表

序号	图片示例	操作步骤
3	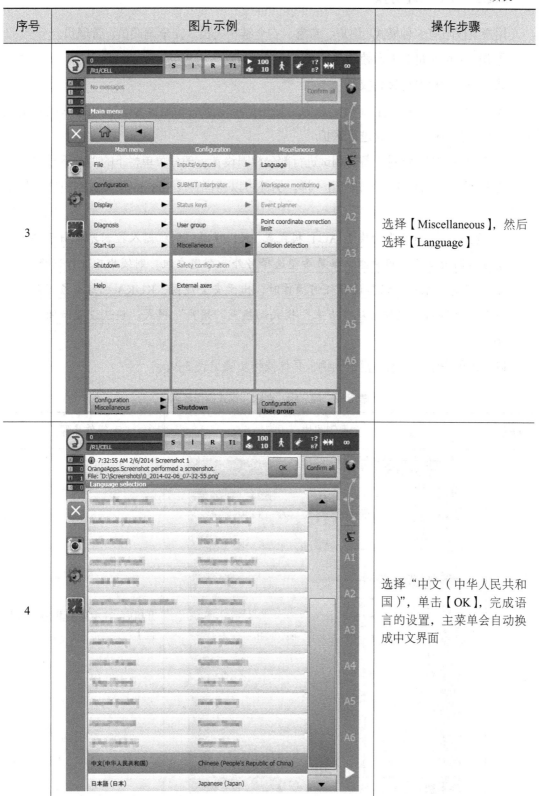	选择【Miscellaneous】，然后选择【Language】
4		选择"中文（中华人民共和国）"，单击【OK】，完成语言的设置，主菜单会自动换成中文界面

3.2.2 用户组切换

用户组权限有 5 种模式：用户、专家、安全维护人员、安全调试员、管理员。

① 用户：可对机器人示教器进行基础操作，为默认用户组。

② 专家：此权限是最高权限。

③ 安全维护人员：设置部分的权限，该用户可以激活和配置 KUKA 机器人的安全配置。用户可以通过一个密码进行保护。

④ 安全调试员：针对设备的调试进行部分权限设置。部分菜单栏下的功能不开放。

⑤ 管理员：功能和专家用户组一样。另外可以将插件（Plug-ins）集成到机器人控制系统中。

注意：① 如果要切换至 AUT 模式或 EXT 模式，则机器人控制器将出于安全原因切换至默认用户组。如果希望选择另外一个用户组，则须此后进行切换；② 一段时间未对示教器进行任何操作时，出于安全原因，KUKA 机器人控制系统会自动将用户组权限从"专家"模式切换至"用户"模式。默认设置时间为300 s。

以切换用户组"专家"模式为例，具体操作步骤见表 3-9。

表 3-9　用户组"专家"模式操作步骤

序号	示例图片	操作步骤
1		开机后，在主菜单里选择【配置】

续表

序号	示例图片	操作步骤
2	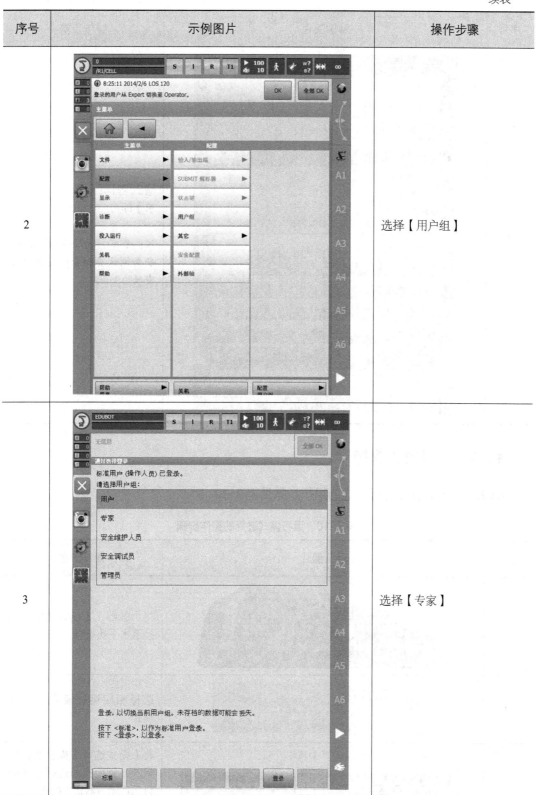	选择【用户组】
3		选择【专家】

续表

序号	示例图片	操作步骤
4		输入密码：kuka，单击【登录】即可 注：专家、安全维护人员、安全调试员和管理员的默认密码为 kuka

3.2.3　运行模式选择

KUKA 机器人选择运行模式的操作步骤见表 3-10。

表 3-10　运行模式选择的操作步骤

序号	示例图片	操作步骤
1	水平状态　KUKA	将示教器上【模式选择】切换至水平状态
2	1001130 HMI OK　S i H　T1　T2　AUT　EXT	选择相应运行模式，如 T1 模式
3	T1模式　EDUBOT　S O R T1 100 10	将【模式选择】恢复至初始状态，则所选的运行模式会显示在示教器状态栏中

3.2.4　坐标系切换

在实际应用中，经常通过切换各种坐标系来完成 KUKA 机器人某种作业。KUKA 机器人坐标系包括：轴坐标系、全局坐标系、基坐标系和工具坐标系。

KUKA 机器人通过触摸 smartHMI 界面中【显示运行】键来切换坐标系，如图 3-5 所示。

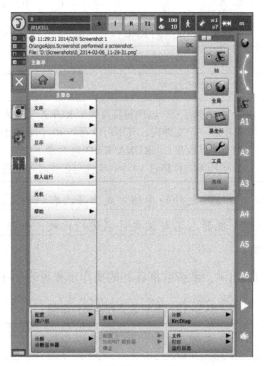

图 3-5　坐标系切换

3.3　存档与还原

在创建完成运动程序后，为避免 KUKA 机器人程序丢失或误删，通常会进行数据存档。若发生数据消失或者其他突发状况时，可以迅速加载进行数据还原。

3.3.1　系统数据存档

KUKA 机器人的相关数据可以进行存档，在每个存档过程中均会在相应位置生成一个压缩文件，该文件与 KUKA 机器人同名，在 KUKA 机器人数据下可改变个别文件名。

KUKA 机器人的存储位置选择有 3 个，分别为：USB（KCP）、USB（控制柜）和网络。

① USB（KCP）：从示教器上插入 U 盘。

② USB（控制柜）：从机器人控制器上插入 U 盘。

③ 网络：在一个网络路径上存档，所需的网络路径必须在机器人数据下配置。

KUKA 机器人的数据存档可以参照表 3-11 所列的菜单项进行选择。

表 3-11　存档操作步骤

序号	菜单项	存档的文件
1	所有	① 将还原当前系统所需的数据存档。 ② 通过该方式存档时，若已有一个文件，则原有文件被覆盖
2	应用	所有用户自定义的 KRL 模块和相应的系统文件均被存档
3	系统数据	将机器人参数存档
4	Log 数据	将 Log 文件存档
5	KrcDiag	① 将数据存档，以便将其反馈至 KUKA 机器人公司进行故障分析，在此将生成一个文件夹，其中可以写入 10 个压缩文件，且在控制系统中将存档文件存放在 C：/KUKA/ KrcDiag 目录下。 ② 当压缩文件超过 10 个，文件再创建时则覆盖最初的文件

注意：如果选择"所有"之外的存档方式，若已有一个文件，则 KUKA 机器人控制系统会将 KUKA 机器人名与该文件名进行比较，如果两个名词不同，则会弹出一个安全询问。

以"USB（控制柜）"为例，系统数据存档的操作步骤见表 3-12。

表 3-12　系统数据存档操作步骤

序号	示例图片	操作步骤
1	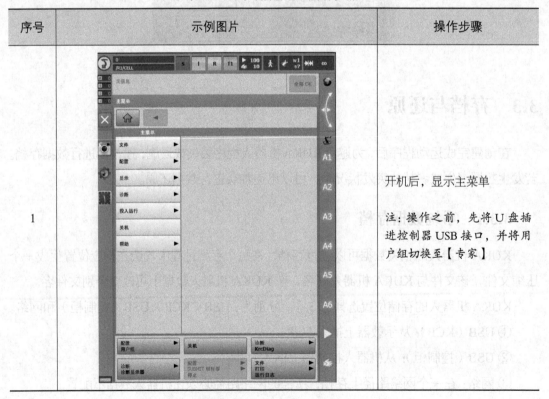	开机后，显示主菜单 注：操作之前，先将 U 盘插进控制器 USB 接口，并将用户组切换至【专家】

续表

序号	示例图片	操作步骤
2	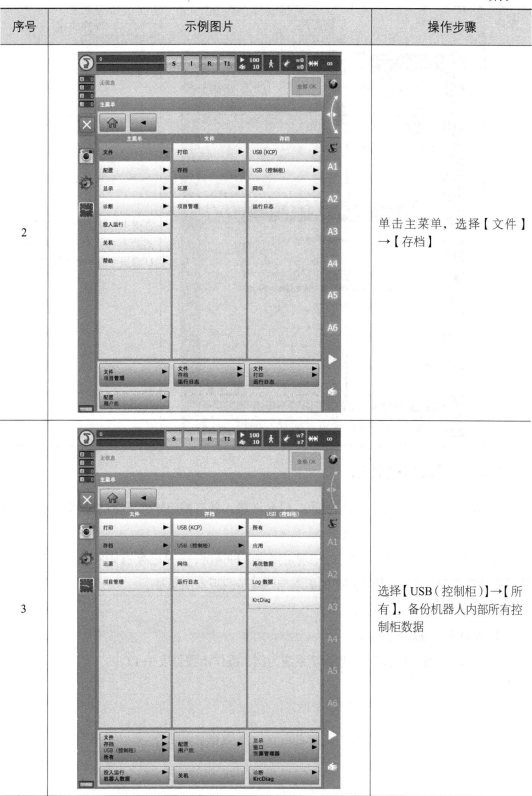	单击主菜单，选择【文件】→【存档】
3		选择【USB（控制柜）】→【所有】，备份机器人内部所有控制柜数据

序号	示例图片	操作步骤
4	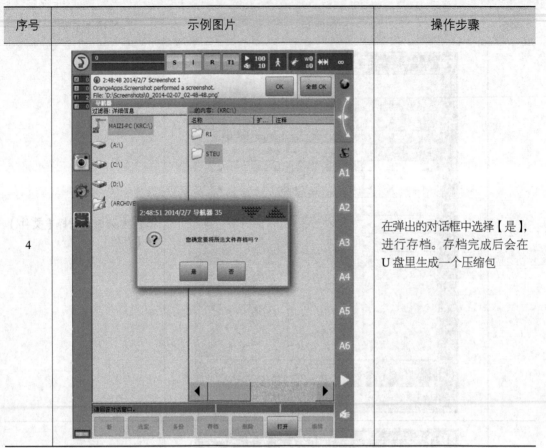	在弹出的对话框中选择【是】，进行存档。存档完成后会在 U 盘里生成一个压缩包

3.3.2 系统数据还原

在 KUKA 机器人中，通常情况下，只允许载入具有相应软件版本的文档，如果载入其他文档，则可能出现以下后果。

① 出现故障信息。故障信息的出现主要有 2 种情况：一是已存档文件版本与系统中的文件版本不同时；二是应用程序包的版本与已安装的版本不同时。

② 机器人控制器无法运行。

③ 人员受伤或财产损失。

以还原"USB（控制柜）"数据至系统为例，操作步骤见表 3-13。

表 3-13 还原数据至系统的操作步骤

序号	示例图片	操作步骤
1	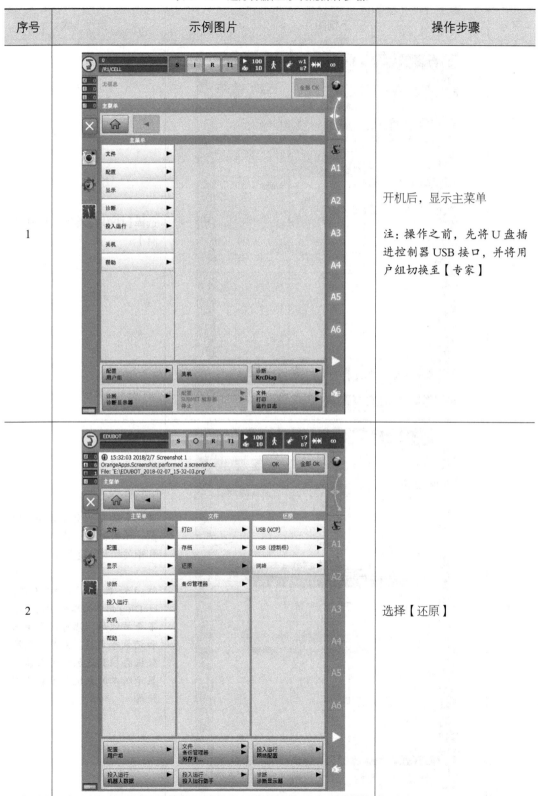	开机后，显示主菜单 注：操作之前，先将U盘插进控制器USB接口，并将用户组切换至【专家】
2		选择【还原】

续表

序号	示例图片	操作步骤
3	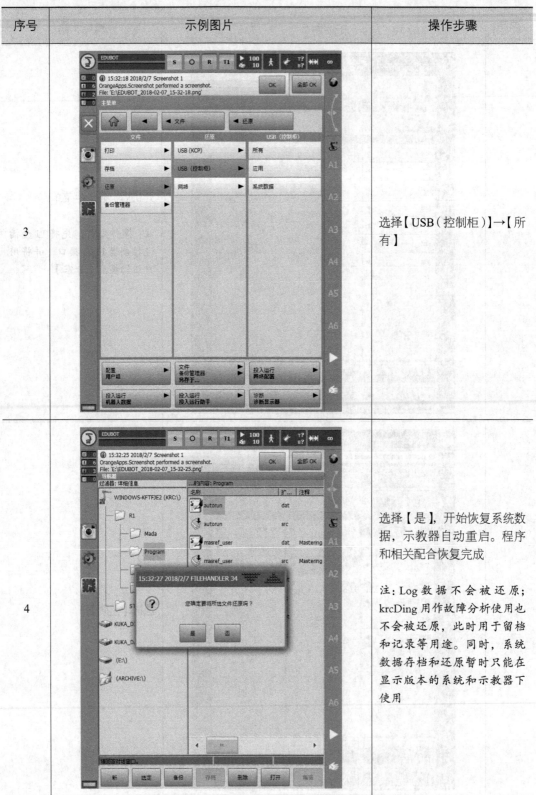	选择【USB（控制柜）】→【所有】
4		选择【是】，开始恢复系统数据，示教器自动重启。程序和相关配合恢复完成 注：Log 数据不会被还原；krcDing 用作故障分析使用也不会被还原，此时用于留档和记录等用途。同时，系统数据存档和还原暂时只能在显示版本的系统和示教器下使用

3.4　关机和重启

机器人关机和重启界面如图 3-6 所示。

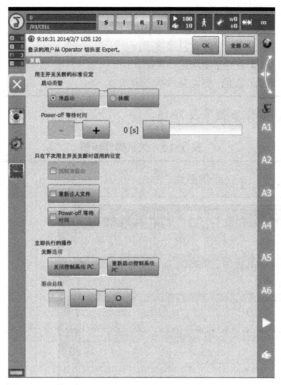

图 3-6　关机和重启界面

关机菜单栏各选项解释说明见表 3-14。

表 3-14　关机菜单栏各选项说明

选项	说明功能
启动类型 - 冷启动	KUKA 机器人控制系统在切断电源以后以冷启动方式启动。冷启动之后 KUKA 机器人控制系统显示导航器
启动类型 - 休眠	KUKA 机器人控制系统在切断电源以后以休眠后的启动方式启动。以休眠方式启动后可以继续执行先前选定的 KUKA 机器人程序。基础系统的状态，例如程序、语句显示器、变量内容和输出端，均全部得以恢复
关机等待时间	KUKA 机器人控制系统关机前的等待时间。可保护控制器
强制冷启动	该设置仅对下次启动有效。同时要在激活启动类型中的休眠状态下有效
关机等待时间	①激活：等待时间在下次关机是被考虑进去。②不激活：等待时间在下次关机时不被考虑
关闭控制系统 PC	在 T1 和 T2 模式下有效。KUKA 机器人控制系统被关机

续表

选项	说明功能
重新启动控制系统 PC	在 T1 和 T2 模式下有效。KUKA 机器人控制系统被关机，然后又立刻重新启动
驱动关闭总线 接通驱动总线	在 T1 和 T2 模式下有效。可关闭或接通驱动总线。 ① 绿色：驱动总线接通。 ② 红色：驱动总线关闭。 ③ 灰色：驱动总线状态未知

KUKA 机器人关机操作步骤见表 3-15。

表 3-15　关机操作步骤

序号	示例图片	操作步骤
1	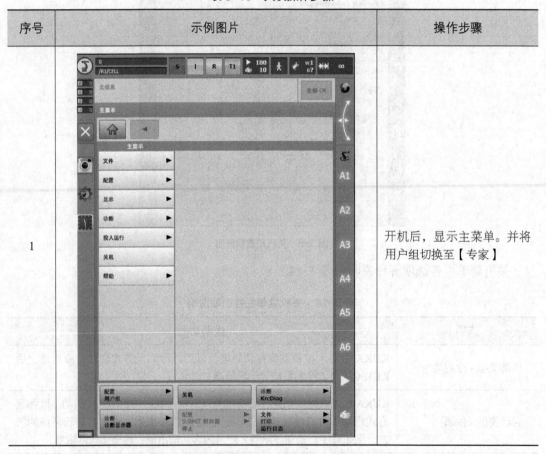	开机后，显示主菜单。并将用户组切换至【专家】

续表

序号	示例图片	操作步骤
2	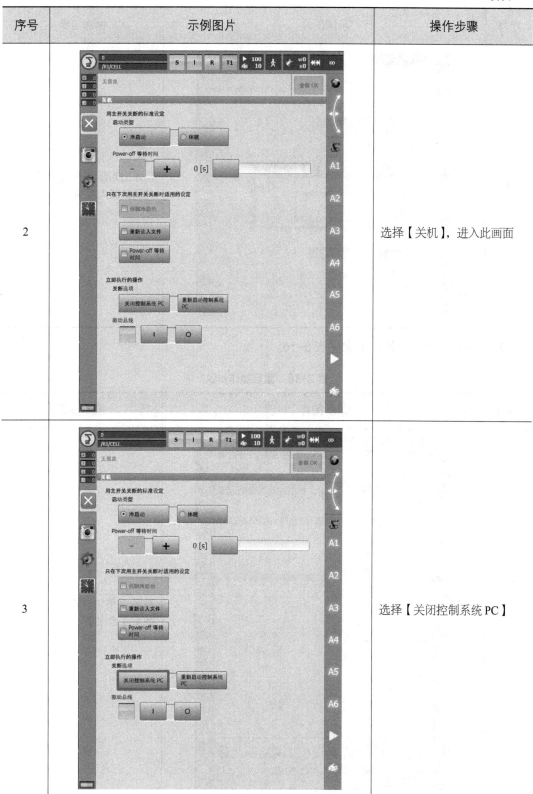	选择【关机】，进入此画面
3		选择【关闭控制系统 PC】

序号	示例图片	操作步骤
4	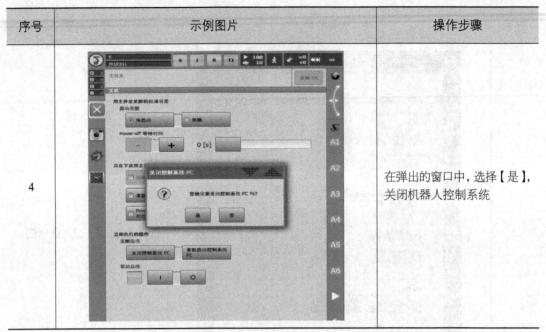	在弹出的窗口中，选择【是】，关闭机器人控制系统

KUKA 机器人重启操作步骤见表 3-16。

表 3-16　重启操作步骤

序号	示例图片	操作步骤
1	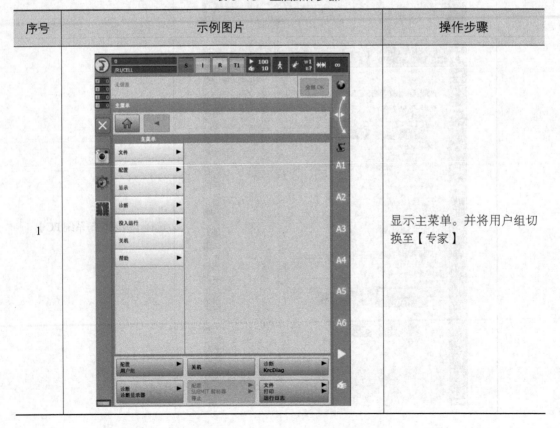	显示主菜单。并将用户组切换至【专家】

续表

序号	示例图片	操作步骤
2	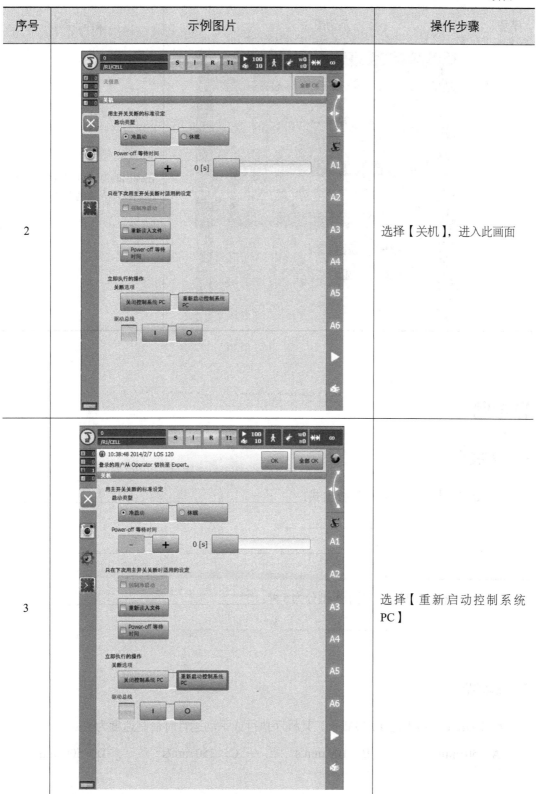	选择【关机】，进入此画面
3		选择【重新启动控制系统PC】

续表

序号	示例图片	操作步骤
4	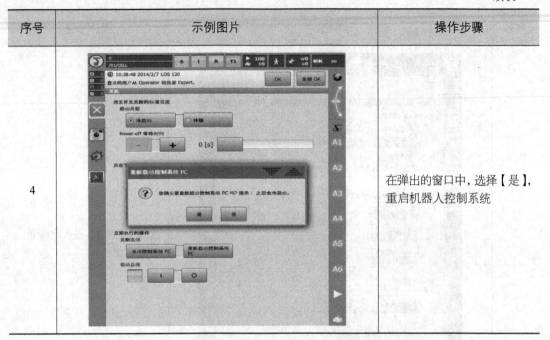	在弹出的窗口中，选择【是】，重启机器人控制系统

思考题

一、填空题

1. KUKA 机器人有 4 种运行模式：＿＿＿＿＿＿＿＿＿＿＿、＿＿＿＿＿＿＿＿＿＿＿、＿＿＿＿＿＿＿＿＿和＿＿＿＿＿＿＿＿＿。

2. 确认开关有 3 个位置：＿＿＿＿＿＿＿＿＿＿＿、＿＿＿＿＿＿＿＿＿＿＿、＿＿＿＿＿＿＿＿＿＿。

3. KUKA 机器人的信息提示类型分为 5 种：＿＿＿＿＿＿＿＿＿、＿＿＿＿＿＿＿＿＿、＿＿＿＿＿＿＿＿＿、＿＿＿＿＿＿＿＿和＿＿＿＿＿＿＿＿。

二、选择题

1. KUKA 机器人在 T1 模式下，其程序执行或手动运行时最高速度为（　　）。

A. 50 mm/s   B. 100 mm/s   C. 250 mm/s   D. 500 mm/s

2. KUKA 机器人的用户组权限模式包括（　　）。

①用户　②专家　③安全维护人员　④安全调试员　⑤管理员

A. ①④⑤　　　　　　B. ①③④　　　　　C. ①②③⑤　　　　D. ①②③④⑤

3. KUKA 机器人的存储位置选择不包括（　　）。

A. USB（KCP）　　　B. USB（控制柜）　　　C. 机器人本体　　　D. 网络

三、简答题

1. 示教器由哪几个部分组成？

2. 简述如何修改示教器语言。

3. 简述如何切换坐标系。

4. 简述如何进行机器人系统数据存档和还原。

第4章
KUKA 机器人基本操作

CHAPTER4

坐标系是描述物质存在的空间位置（坐标）的参照系，通过定义特定基准及其参数形式来实现。本章介绍 KUKA 机器人的坐标系种类及手动操作方法，让读者掌握坐标系的知识和手动操作机器人的方法。

4.1 坐标系种类

微课视频

机器人手动操纵

KUKA 机器人常用的机器人坐标系包括：轴坐标系、全局坐标系、工具坐标系、基坐标系。

全局坐标系、工具坐标系、基坐标系属于笛卡儿直角坐标系。KUKA 机器人大部分坐标系都是笛卡儿直角坐标系，符合右手法则。

1. 轴坐标系

轴坐标系是设定在 KUKA 机器人关节轴的坐标系，如图 4-1 所示。在关节坐标系下，KUKA 机器人各轴均可实现单独正向或反向运动。对于大范围运动，且不要求 TCP 姿态时，可选择轴坐标系。

2. 全局坐标系

在 KUKA 机器人中，全局坐标系是一个固定定义的笛卡儿直角坐标系，已由生产商定义好，用户不可更改。在没有建立其他坐标系之前，KUKA 机器人上所有点的坐标都是以该坐标系的原点来确定各自的位置。

KUKA 机器人全局坐标系的原点位置定义在 KUKA 机器人安装面与第一转动轴（A1轴）的交点处，z 轴向上，x 轴向前，y 轴按右手法则确定，如图 4-2 和图 4-3 中的坐标系 o_1-$x_1x_1z_1$ 所示。

3. 工具坐标系

工具坐标系是用来定义工具中心点的位置和工具姿态的坐标系。而工具中心点（Tool Center Point，TCP）是机器人系统的控制点，出厂时默认位于最后一个运动轴或连接法兰的中心。

未定义时，工具坐标系默认在连接法兰中心处，如图 4-4 所示。安装工具后，TCP 将发生变化，变为工具末端的中心。为实现精确运动控制，当换装工具或发生工具碰撞时，工具坐标系必须事先进行定义，如图 4-3 中的坐标系 o_2-$x_2y_2z_2$，具体定义过程详见 5.1 节。

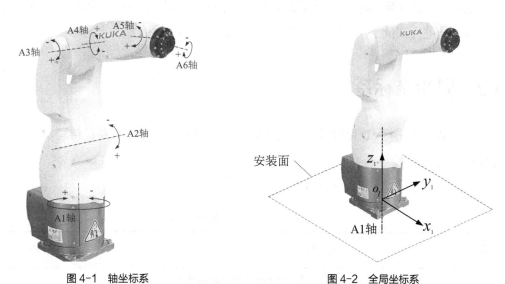

图 4-1 轴坐标系　　　　　　　　　　图 4-2 全局坐标系

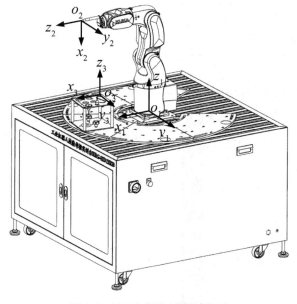

图 4-3 KUKA 机器人常用坐标系

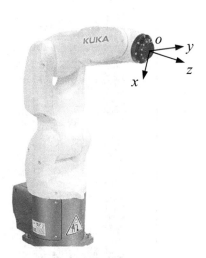

图 4-4 工具坐标系

4. 基坐标系

在 KUKA 机器人中，基坐标系被赋予了特定含义，即 KUKA 机器人用户坐标系或工件坐标系。基坐标系是用户对每个作业空间进行自定义的笛卡儿直角坐标系，如图 4-3 中的坐标系 o_3-$x_3y_3z_3$ 所示。

基坐标系是以全局坐标系为参照基准。在默认配置中，基坐标系与全局坐标系是一致的。

设定基坐标系的优点：当机器人运行轨迹相同，工件位置不同，只需要更新基坐标系即可，无须重新编程。

通常，在建立项目时，至少需要建立两个坐标系，即工具坐标系和基坐标系。前者便于操纵人员进行调试工作，后者便于机器人记录工件的位置信息。

4.2 同步坐标系

同步坐标系是将 6D 鼠标菜单栏的坐标系与按键菜单栏的坐标系保持同步，方便用户操作机器人。

同步坐标系操作步骤见表 4-1。

表 4-1 同步坐标系操作步骤

序号	图片示例	操作步骤
1	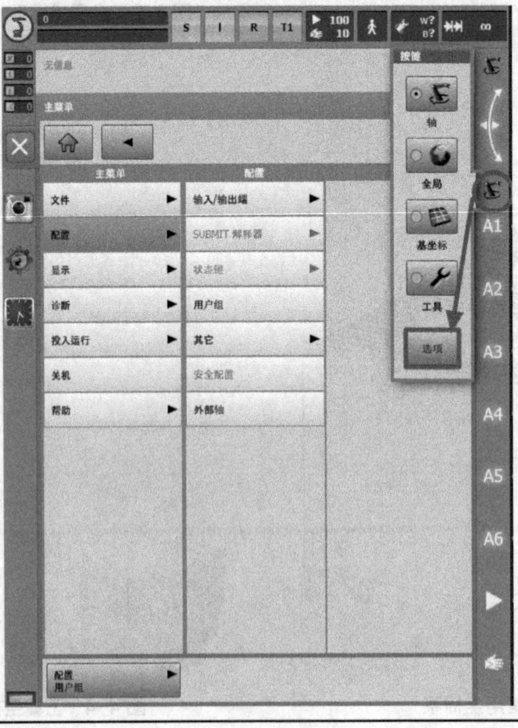	单击【显示运行】键，在弹出的【按键】窗口中选择【选项】

序号	图片示例	操作步骤
2	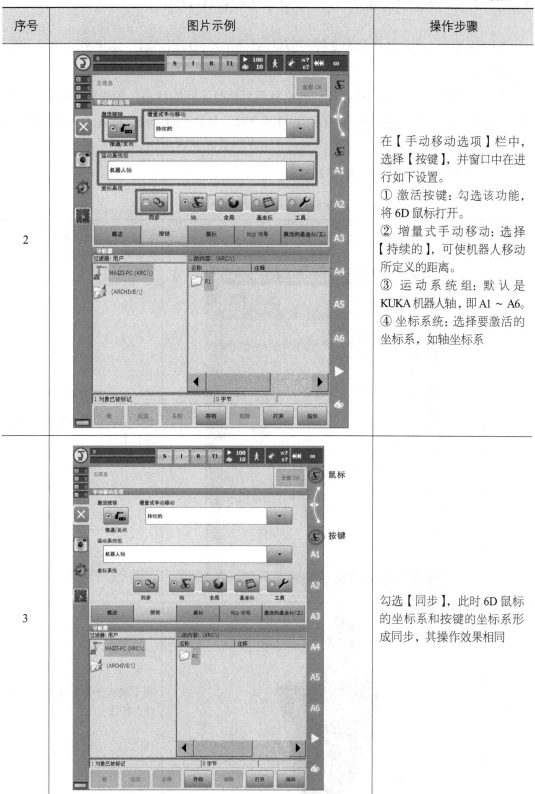	在【手动移动选项】栏中，选择【按键】，并窗口中在进行如下设置。 ① 激活按键：勾选该功能，将 6D 鼠标打开。 ② 增量式手动移动：选择【持续的】，可使机器人移动所定义的距离。 ③ 运动系统组：默认是 KUKA 机器人轴，即 A1 ~ A6。 ④ 坐标系统：选择要激活的坐标系，如轴坐标系
3		勾选【同步】，此时 6D 鼠标的坐标系和按键的坐标系形成同步，其操作效果相同

4.3 手动操作机器人——运动按键操作

KUKA 机器人手动操作分为 2 种：运动按键操作和 6D 鼠标操作。两种操作方式不同，但效果相同。

使用运动按键操作时，选择不同的坐标系可执行不同的状态。如选择"轴坐标系"，下方按键是对各关节的正反方向的操作。在操作时，尽量小幅度操作机器人，使其缓慢运动，以免发生撞击事件。

使用运动按键操作步骤见表 4-2。

表 4-2　运动按键操作步骤

序号	图片示例	操作步骤
1	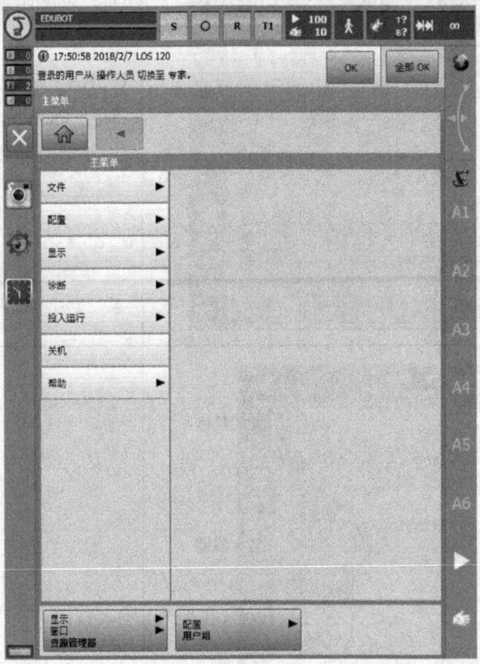	将 KUKA 机器人运行模式切换至【T1】
2		将【确认开关】按至中间档位并按住

续表

序号	图片示例	操作步骤
3	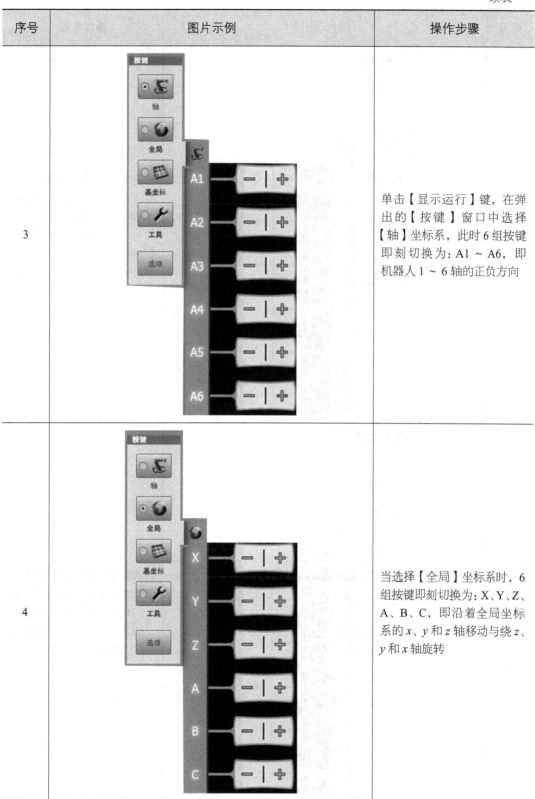	单击【显示运行】键,在弹出的【按键】窗口中选择【轴】坐标系,此时6组按键即刻切换为:A1～A6,即机器人1～6轴的正负方向
4		当选择【全局】坐标系时,6组按键即刻切换为:X、Y、Z、A、B、C,即沿着全局坐标系的 x、y 和 z 轴移动与绕 z、y 和 x 轴旋转

续表

序号	图片示例	操作步骤
5	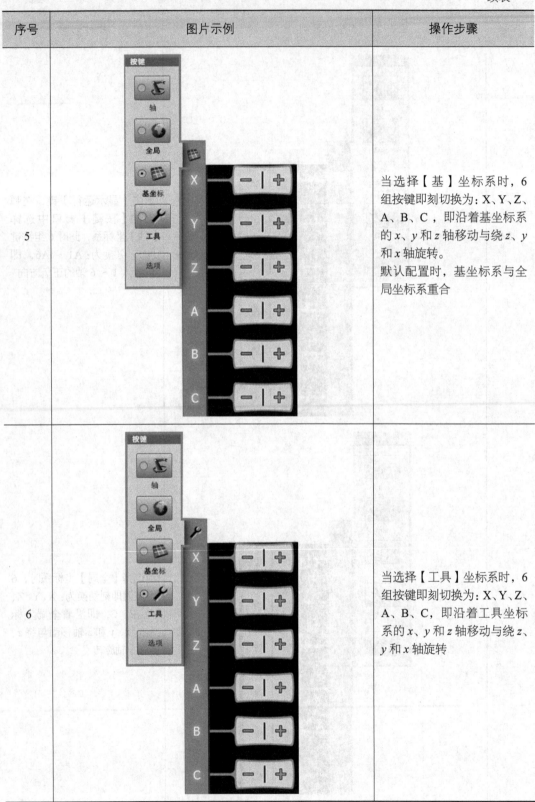	当选择【基】坐标系时，6组按键即刻切换为：X、Y、Z、A、B、C，即沿着基坐标系的 x、y 和 z 轴移动与绕 z、y 和 x 轴旋转。 默认配置时，基坐标系与全局坐标系重合
6		当选择【工具】坐标系时，6组按键即刻切换为：X、Y、Z、A、B、C，即沿着工具坐标系的 x、y 和 z 轴移动与绕 z、y 和 x 轴旋转

4.4　手动操作机器人——6D 鼠标运动

KUKA 机器人示教器的 6D 鼠标是独有的，可实现 x、y 和 z 轴移动与绕 x、y 和 z 轴旋转操作，用户在操作时更便利。

使用 6D 鼠标操作步骤见表 4-3。

表 4-3　6D 鼠标操作步骤

序号	图片示例	操作步骤
1	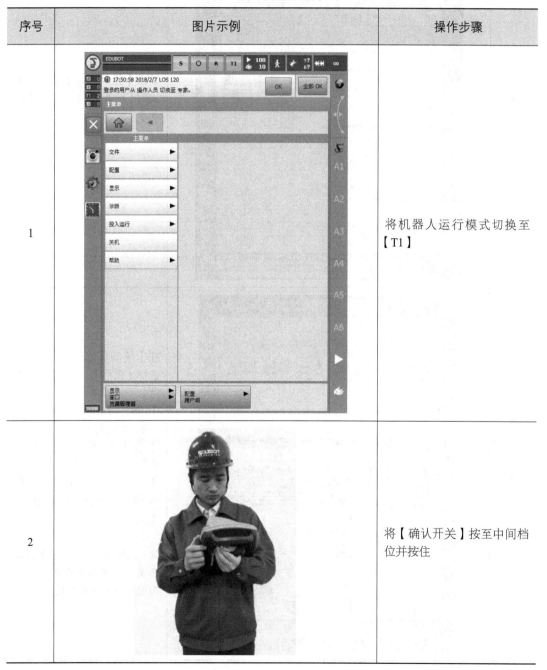	将机器人运行模式切换至【T1】
2		将【确认开关】按至中间档位并按住

续表

序号	图片示例	操作步骤
3	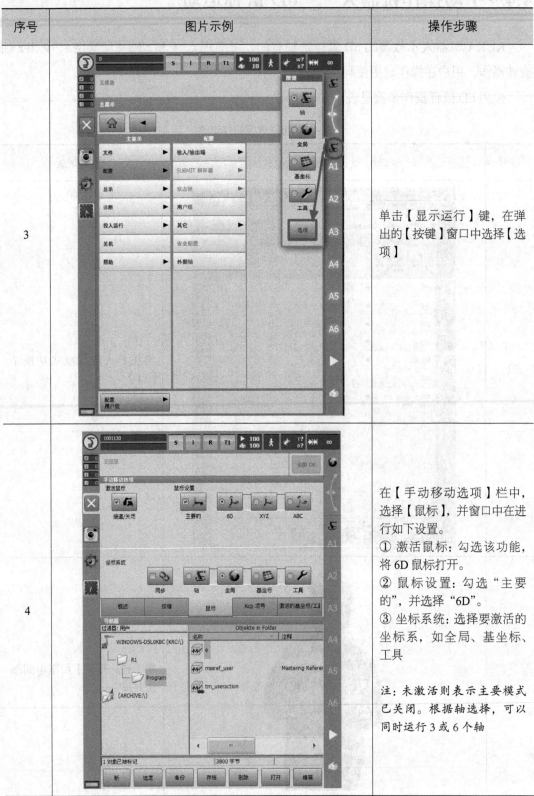	单击【显示运行】键，在弹出的【按键】窗口中选择【选项】
4		在【手动移动选项】栏中，选择【鼠标】，并窗口中在进行如下设置。 ① 激活鼠标：勾选该功能，将 6D 鼠标打开。 ② 鼠标设置：勾选"主要的"，并选择"6D"。 ③ 坐标系统：选择要激活的坐标系，如全局、基坐标、工具 注：未激活则表示主要模式已关闭。根据轴选择，可以同时运行 3 或 6 个轴

续表

序号	图片示例	操作步骤
5	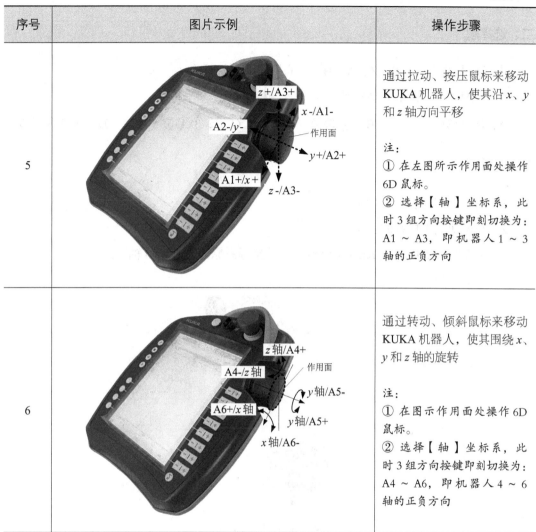	通过拉动、按压鼠标来移动KUKA 机器人，使其沿 x、y 和 z 轴方向平移 注： ① 在左图所示作用面处操作6D 鼠标。 ② 选择【轴】坐标系，此时 3 组方向按键即刻切换为：A1 ~ A3，即机器人 1 ~ 3 轴的正负方向
6		通过转动、倾斜鼠标来移动KUKA 机器人，使其围绕 x、y 和 z 轴的旋转 注： ① 在图示作用面处操作 6D 鼠标。 ② 选择【轴】坐标系，此时 3 组方向按键即刻切换为：A4 ~ A6，即机器人 4 ~ 6 轴的正负方向

思考题

一、填空题

1. KUKA 机器人常用的机器人坐标系有：＿＿＿＿＿＿＿＿＿＿、＿＿＿＿＿＿＿＿＿＿、
＿＿＿＿＿＿＿＿＿＿和＿＿＿＿＿＿＿＿＿＿。

2. 工具中心点是 KUKA 机器人系统的控制点，出厂时默认于＿＿＿＿＿＿＿＿＿＿。

3. 通常，在建立项目时，至少需要建立两个坐标系，即＿＿＿＿＿＿＿＿＿＿和
＿＿＿＿＿＿＿＿＿＿。前者便于操纵人员进行调试工作，后者便于机器人记录工件的位置

信息。

二、选择题

坐标系参数为 X、Y、Z、A、B、C 的机器人坐标系有（   ）。

① 轴坐标系   ② 全局坐标系   ③ 工具坐标系   ④ 基坐标系

A. ①④⑤   B. ①③④   C. ②③④⑤   D. ①②③④⑤

三、简答题

1. 简述 6D 鼠标操纵流程。

2. 简述使用坐标系的优点。

3. 请在图 4-5 中标出 KUKA 机器人的基坐标系原点位置和各轴正方向。

图 4-5　KUKA 机器人

CHAPTER5

第 5 章
KUKA 机器人坐标系建立

本章介绍 KUKA 机器人的坐标系的建立原理、坐标系的建立步骤以及建立完成后的验证方法，让读者掌握坐标系建立的原理、步骤以及验证方法。

5.1 工具坐标系

在实际生产操作中，KUKA 机器人经常会面对不同场合，因此需要设定相应的工具坐标系来满足示教和生产操作需求。

工具坐标系是表示工具中心和工具姿势的笛卡儿直角坐标系，需要在编程前先进行自定义。如果未定义则默认为工具坐标系。在默认状态下，用户可以设置 16 个工具坐标系。

5.1.1 工具坐标系建立原理

工具坐标系建立原理如下。

① 在 KUKA 机器人工作空间内找一个精确的固定点作为参考点。

② 确定工具上的参考点（一般选择工具中心点）。

③ 手动操纵 KUKA 机器人，至少以 4 种不同的工具姿态，将 KUKA 机器人工具上的参考点尽可能与固定点刚好接触。工具的姿态差别越明显，建立的工具坐标系精度将越高。

④ 通过 4 个位置点的位置数据，KUKA 机器人可以自动计算出 TCP 的位置，并将 TCP 的位置数据保存在相应文件夹里以供调用。

在建立工具坐标系前，需要准备带有尖锥端的工具和工件，如图 5-1 所示，将工具安装在机器人第六轴末端的法兰上，工件安装固定在工作台上。

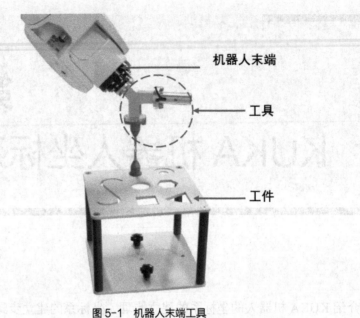

图 5-1　机器人末端工具

　　KUKA 机器人系统对其位置的描述和控制是以 KUKA 机器人的工具中心点 TCP 为基准的，而工具坐标系建立的目的是可以将默认的 KUKA 机器人控制点转移至工具末端，使默认的工具坐标系变换为自定义工具坐标系，方便用户手动操纵和编程调试，如图 5-2 所示。

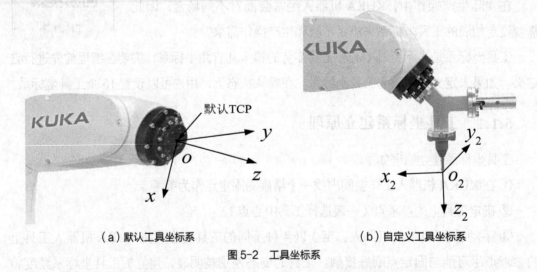

（a）默认工具坐标系　　　　　　　　　　　（b）自定义工具坐标系
图 5-2　工具坐标系

　　图 5-2（a）所示的默认工具中心点 TCP，位于机器人第 6 轴的末端法兰中心处。

　　图 5-2（b）所示为用户自定义的工具坐标系，是将默认工具坐标系偏移至工具末端后重新建立的坐标系。

　　KUKA机器人工具坐标系的设置方法分为5种：XYZ 4点法、XYZ参照法、ABC 2点法、ABC 世界坐标系法、数字输入法。

① XYZ 4 点法。将工具的 TCP 从 4 个不同的方向移向同一个参照点，移至参照点所用的 4 个法兰位置彼此必须间隔足够距离，且不得位于同一平面内，以保证其精度。

② XYZ 参照法。对一件新工具与一件已测量过的工具进行比较测量，KUKA 机器人控制系统比较法兰位置，并对新工具的 TCP 进行计算。此方法适用于几何相似的同类工具。

③ ABC 2 点法。通过移至 x 轴上一点和 xy 平面上一点的方法，KUKA 机器人控制系统即可得知工具坐标系的各轴。当轴方向要求必须特别精确地确定时，将采用此方法。

④ ABC 世界坐标系法。将工具坐标系的轴平行于全局坐标系的轴进行校准，KUKA 机器人控制系统从而得知工具坐标系的姿态。

⑤ 数字输入法。直接输入至法兰中心点的距离值（x、y、z）及其 x 轴、y 轴、z 轴的回转角（A、B、C）。

5.1.2　工具坐标系建立步骤

以 KR3 R540 为例，利用 XYZ 4 点法和 ABC 2 点法介绍工具坐标系的建立步骤，该方法同样适用于 KUKA 其他型号机器人。工具坐标系建立步骤见表 5-1。

表 5-1　工具坐标系建立

序号	图片示例	操作步骤
1		开机后，显示主菜单画面，并将用户组权限改成【专家】

续表

序号	图片示例	操作步骤
2	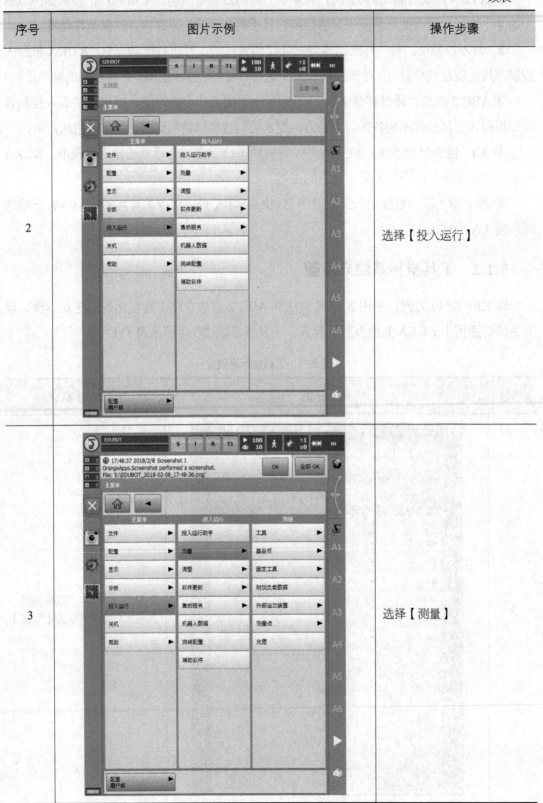	选择【投入运行】
3		选择【测量】

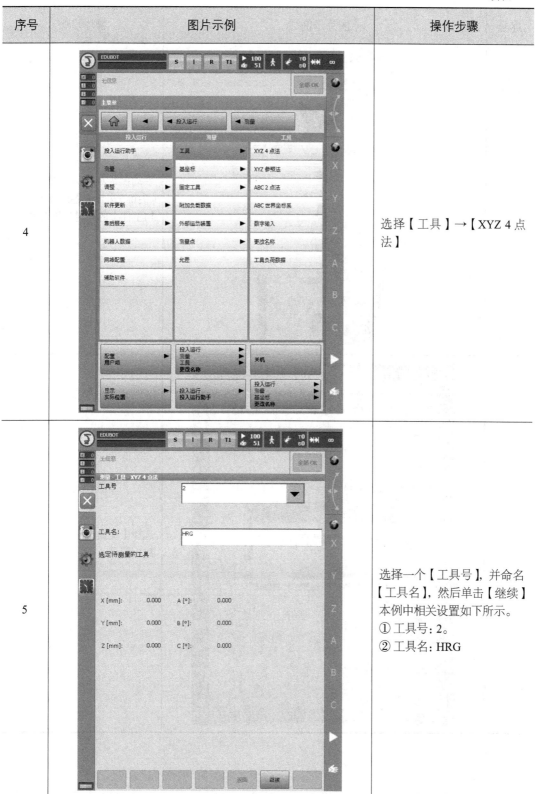

序号	图片示例	操作步骤
4		选择【工具】→【XYZ 4 点法】
5		选择一个【工具号】，并命名【工具名】，然后单击【继续】本例中相关设置如下所示。 ① 工具号: 2。 ② 工具名: HRG

续表

序号	图片示例	操作步骤
6	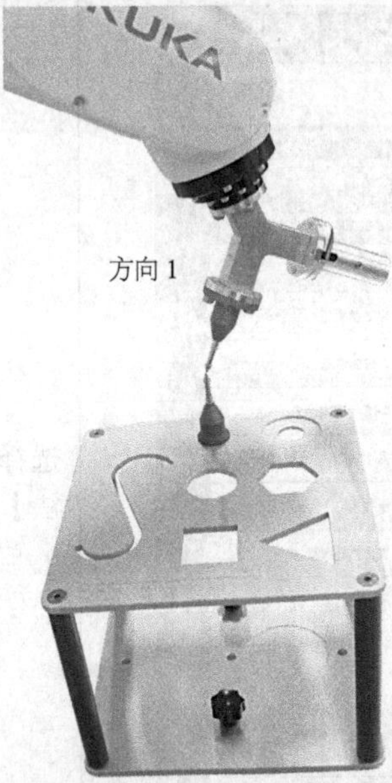	手动操纵机器人，使其工具（尖锥）处于左图所示方向1，与工件上的固定尖锥对齐
7	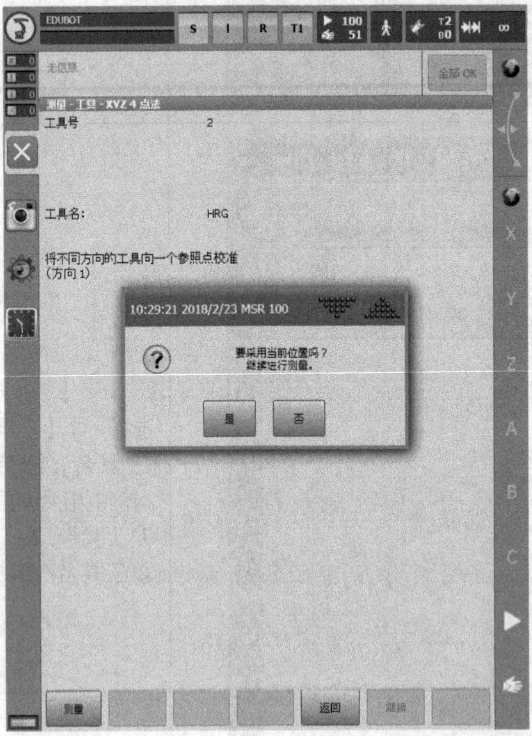	选择【测量】→【是】，完成数据记录

续表

序号	图片示例	操作步骤
8	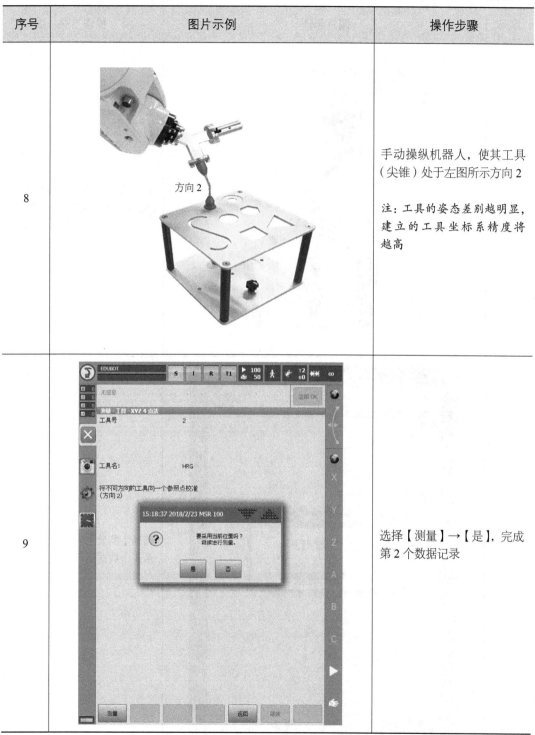	手动操纵机器人，使其工具（尖锥）处于左图所示方向2 注：工具的姿态差别越明显，建立的工具坐标系精度将越高
9		选择【测量】→【是】，完成第 2 个数据记录

续表

序号	图片示例	操作步骤
10	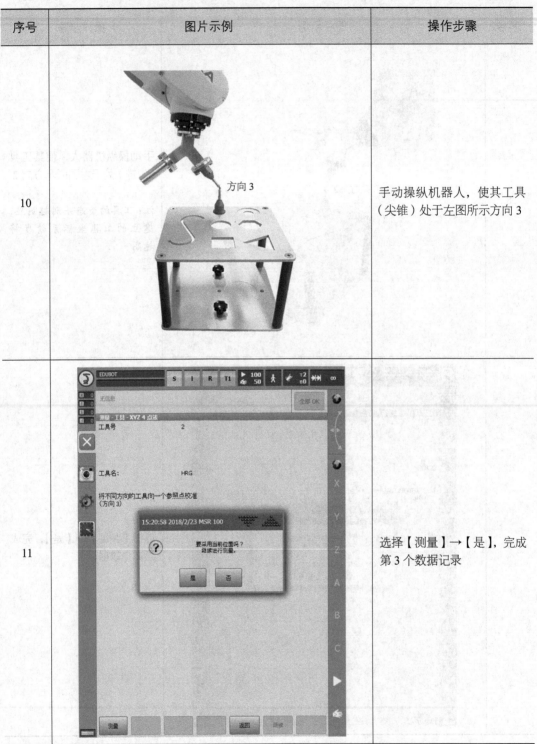	手动操纵机器人，使其工具（尖锥）处于左图所示方向 3
11		选择【测量】→【是】，完成第 3 个数据记录

续表

序号	图片示例	操作步骤
12	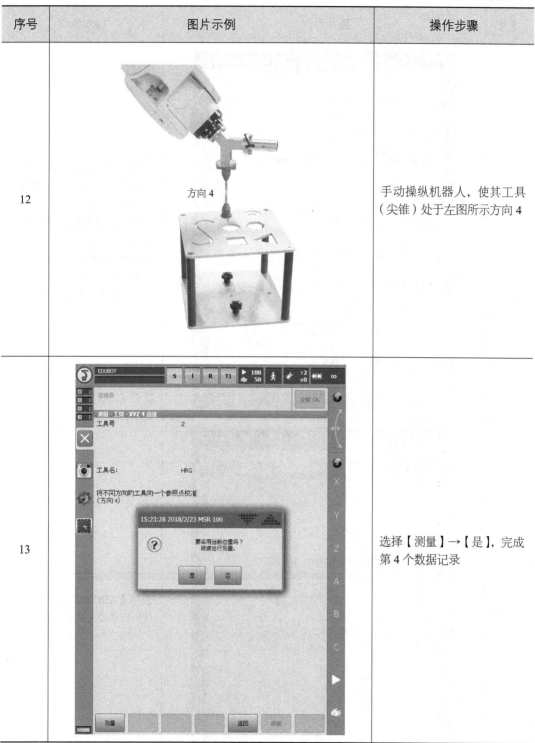	手动操纵机器人，使其工具（尖锥）处于左图所示方向4
13		选择【测量】→【是】，完成第4个数据记录

续表

序号	图片示例	操作步骤
14	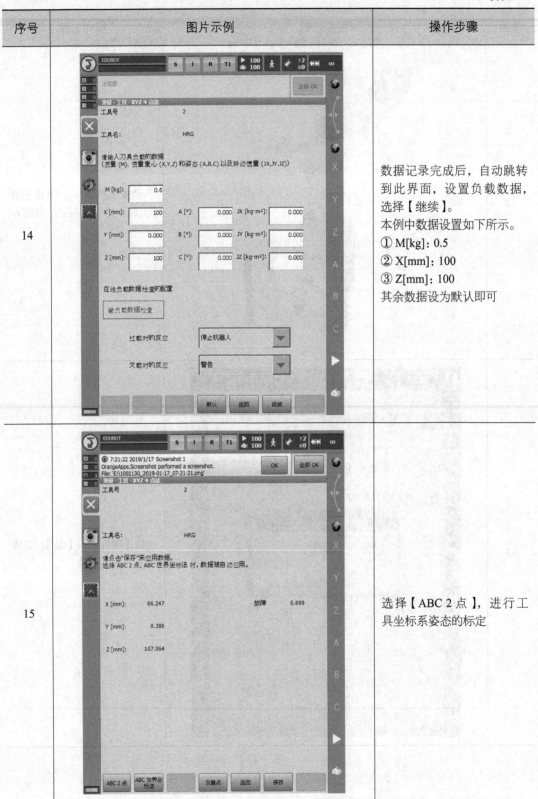	数据记录完成后，自动跳转到此界面，设置负载数据，选择【继续】。 本例中数据设置如下所示。 ① M[kg]：0.5 ② X[mm]：100 ③ Z[mm]：100 其余数据设为默认即可
15		选择【ABC 2 点】，进行工具坐标系姿态的标定

续表

序号	图片示例	操作步骤
16	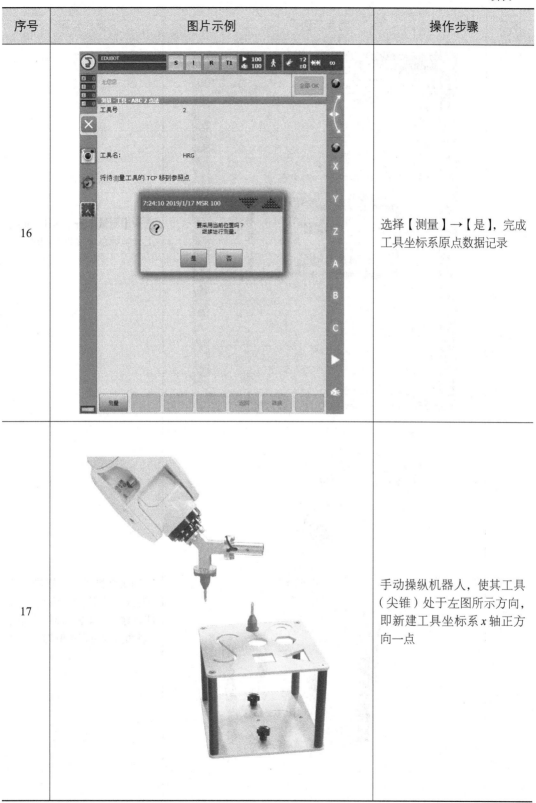	选择【测量】→【是】，完成工具坐标系原点数据记录
17		手动操纵机器人，使其工具（尖锥）处于左图所示方向，即新建工具坐标系 x 轴正方向一点

序号	图片示例	操作步骤
18	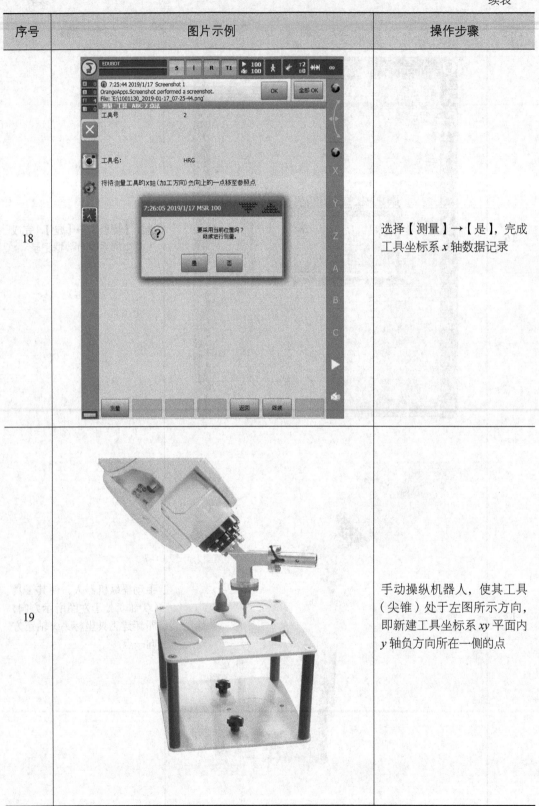	选择【测量】→【是】，完成工具坐标系 x 轴数据记录
19		手动操纵机器人，使其工具（尖锥）处于左图所示方向，即新建工具坐标系 xy 平面内 y 轴负方向所在一侧的点

序号	图片示例	操作步骤
20	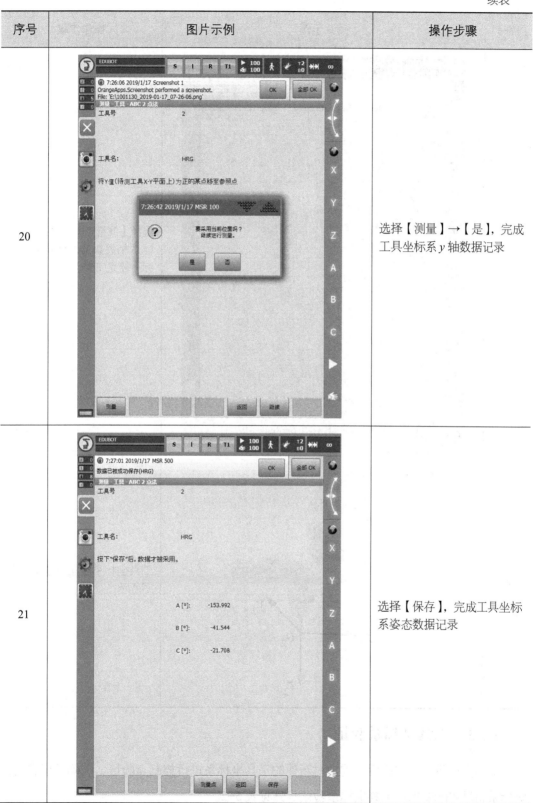	选择【测量】→【是】，完成工具坐标系 y 轴数据记录
21		选择【保存】，完成工具坐标系姿态数据记录

序号	图片示例	操作步骤
22	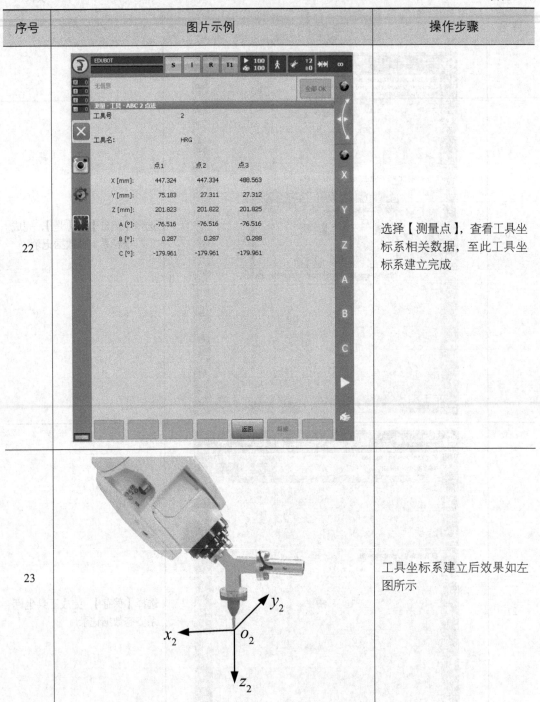	选择【测量点】，查看工具坐标系相关数据，至此工具坐标系建立完成
23		工具坐标系建立后效果如左图所示

5.1.3 工具坐标系验证

工具坐标系建立完成后，需要对新建的工具坐标系进行控制点验证，以确保新建工具坐标系满足实际要求。工具坐标系验证步骤见表5-2。

表5-2 工具坐标系验证

序号	图片示例	操作步骤
1	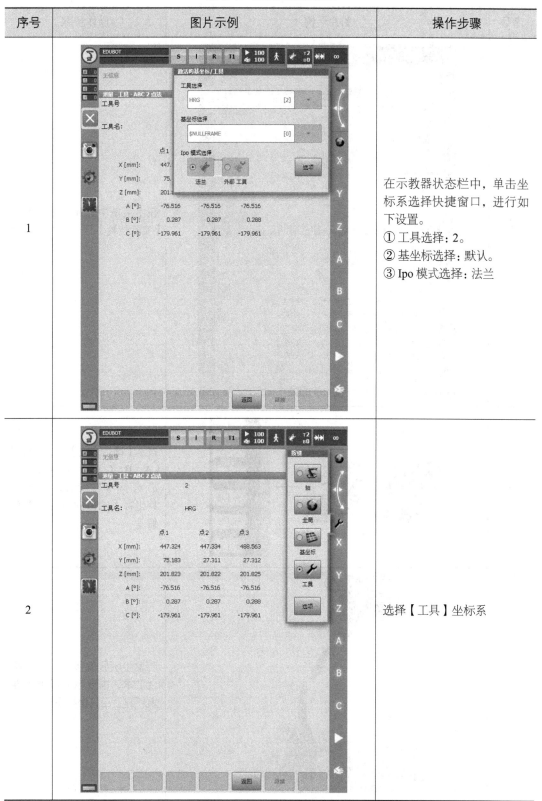	在示教器状态栏中，单击坐标系选择快捷窗口，进行如下设置。 ① 工具选择：2。 ② 基坐标选择：默认。 ③ Ipo 模式选择：法兰
2		选择【工具】坐标系

续表

序号	图片示例	操作步骤
3	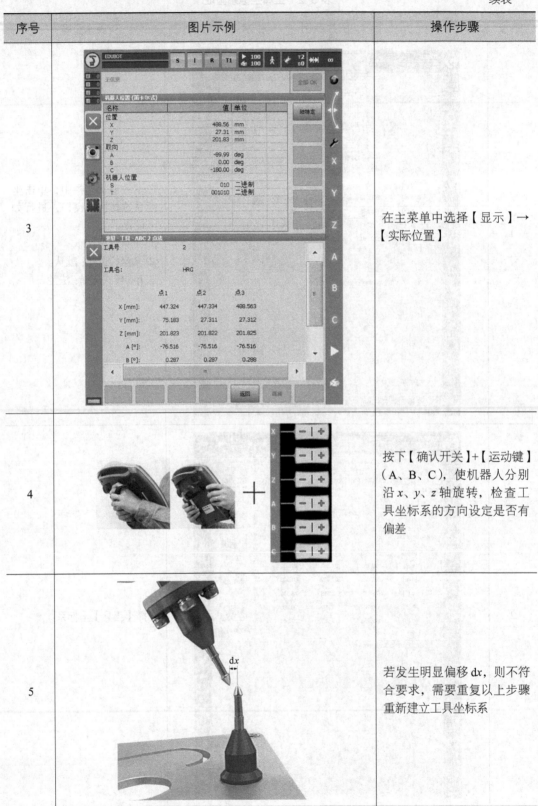	在主菜单中选择【显示】→【实际位置】
4		按下【确认开关】+【运动键】（A、B、C），使机器人分别沿 x、y、z 轴旋转，检查工具坐标系的方向设定是否有偏差
5		若发生明显偏移 dx，则不符合要求，需要重复以上步骤重新建立工具坐标系

5.2 基坐标系

微课视频

基坐标系

基坐标系是用户对每个作业空间进行定义的直角坐标系，需要在编程前先进行自定义。如果未定义则与世界坐标系重合。在默认状态下，用户可以设置 32 个用户坐标系。

5.2.1 基坐标系建立原理

基坐标系是通过相对全局坐标系的坐标系原点的位置（x、y、z 的值）和 x 轴、y 轴、z 轴的旋转角来定义的。图 5-3 所示是完成基坐标系建立后的效果。

图 5-3　基坐标系效果图

KUKA 机器人基坐标系的设置方法分为 3 种：3 点法、间接法、数字输入。

① 3 点法。示教 3 点，即将坐标系的原点、x 轴方向的 1 点、xy 平面上的 1 点进行示教。3 点法测量基坐标过程时，3 个测量不允许位于一条直线上，这些点间必须有不小于 2.5°的夹角。

② 间接法。示教 4 点，即将平行于坐标系 x 轴的始点、x 轴方向的 1 点、xy 平面上的 1 点、坐标系的原点进行示教。

③ 数字输入。已知基座的原点与世界坐标系原点距离和基座坐标轴相对于世界坐标系的旋转的数值，直接将坐标系的数值，输入到相关的内容里，可直接使用。

5.2.2 基坐标系建立步骤

以 KR3 R540 为例，利用 3 点法介绍基坐标系的建立步骤，该方法同样适用于 KUKA 机器人其他型号机器人。

基坐标系建立步骤见表 5-3。

表 5-3　基坐标系

序号	图片示例	操作步骤
1	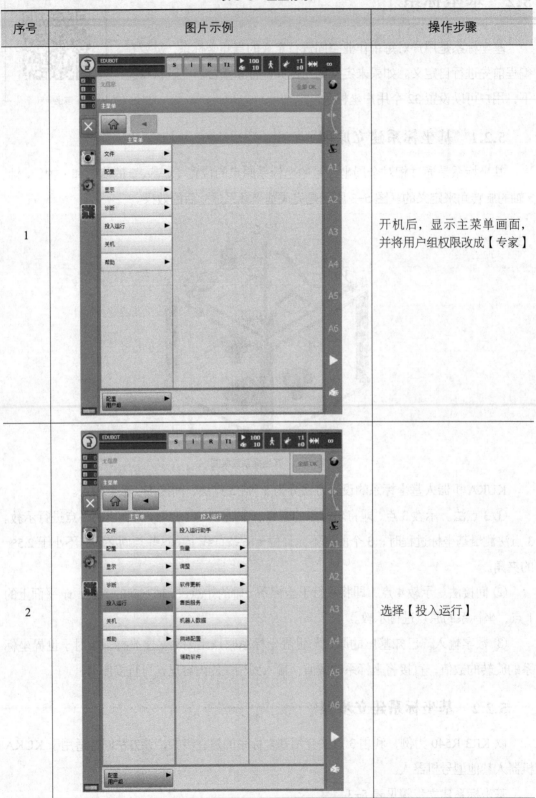	开机后，显示主菜单画面，并将用户组权限改成【专家】
2		选择【投入运行】

续表

序号	图片示例	操作步骤
3	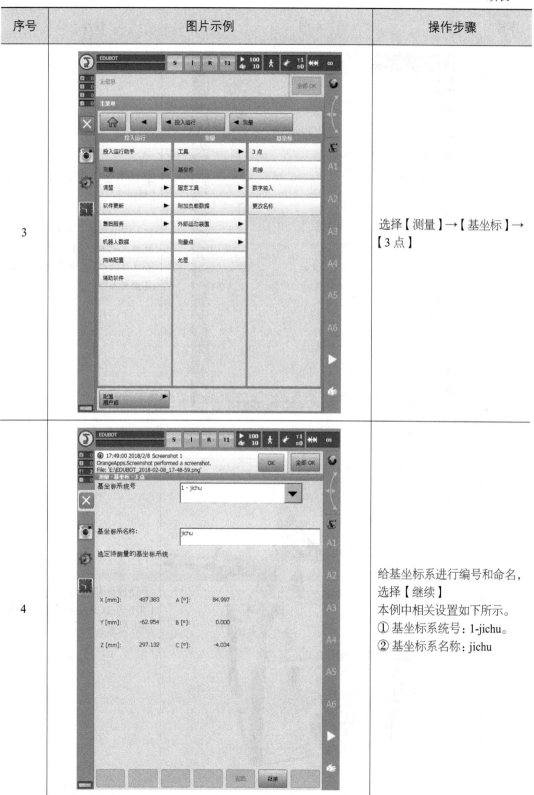	选择【测量】→【基坐标】→【3点】
4		给基坐标系进行编号和命名，选择【继续】 本例中相关设置如下所示。 ① 基坐标系统号：1-jichu。 ② 基坐标系名称：jichu

续表

序号	图片示例	操作步骤
5	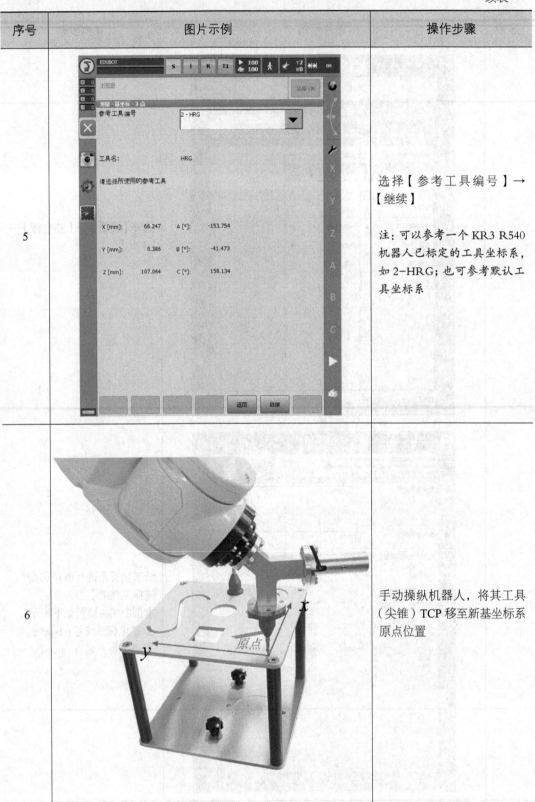	选择【参考工具编号】→【继续】 注：可以参考一个 KR3 R540 机器人已标定的工具坐标系，如 2-HRG；也可参考默认工具坐标系
6		手动操纵机器人，将其工具（尖锥）TCP 移至新基坐标系原点位置

续表

序号	图片示例	操作步骤
7	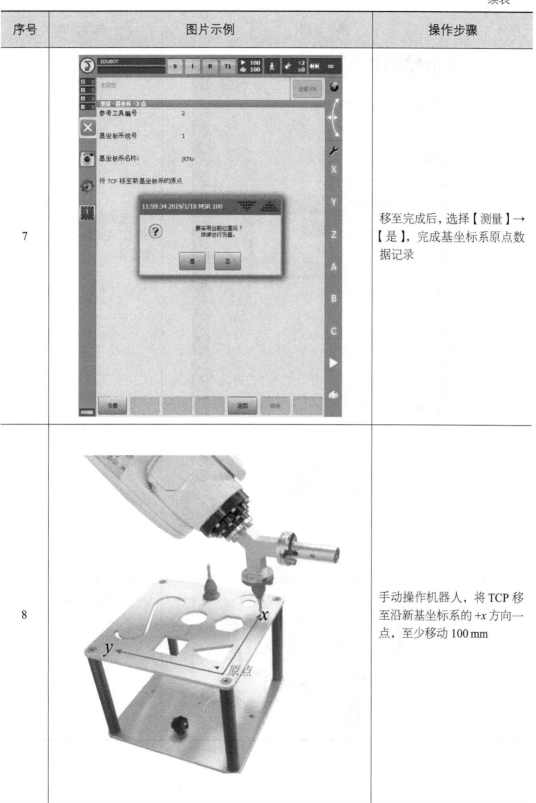	移至完成后，选择【测量】→【是】，完成基坐标系原点数据记录
8		手动操作机器人，将 TCP 移至沿新基坐标系的 +x 方向一点，至少移动 100 mm

序号	图片示例	操作步骤
9	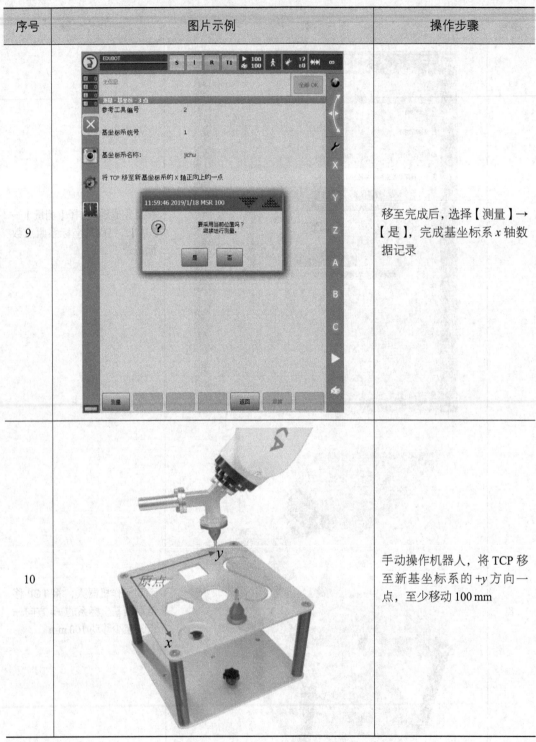	移至完成后，选择【测量】→【是】，完成基坐标系 x 轴数据记录
10		手动操作机器人，将 TCP 移至新基坐标系的 $+y$ 方向一点，至少移动 100 mm

续表

序号	图片示例	操作步骤
11	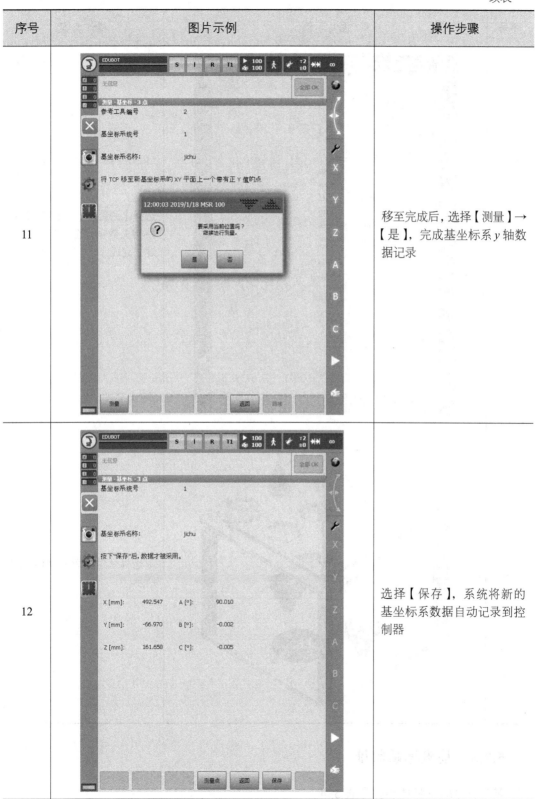	移至完成后，选择【测量】→【是】，完成基坐标系 y 轴数据记录
12		选择【保存】，系统将新的基坐标系数据自动记录到控制器

序号	图片示例	操作步骤
13	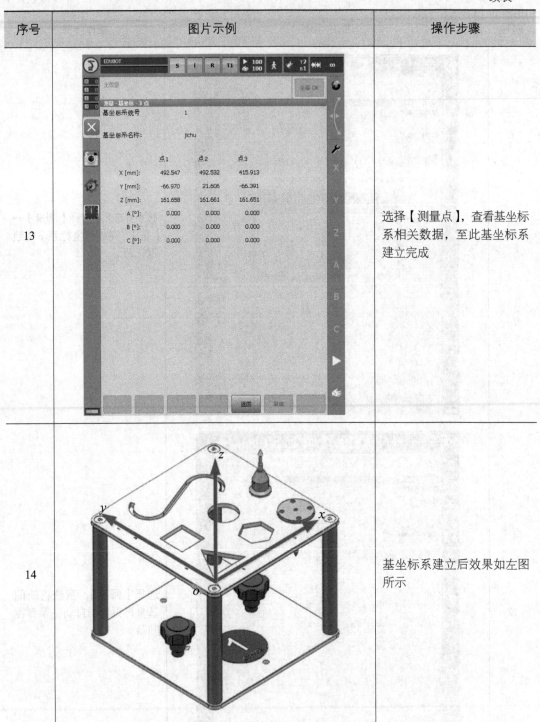	选择【测量点】，查看基坐标系相关数据，至此基坐标系建立完成
14		基坐标系建立后效果如左图所示

5.2.3 基坐标系验证

基坐标系验证具体步骤见表 5-4。

表 5-4　验证基坐标系

序号	图片示例	操作步骤
1	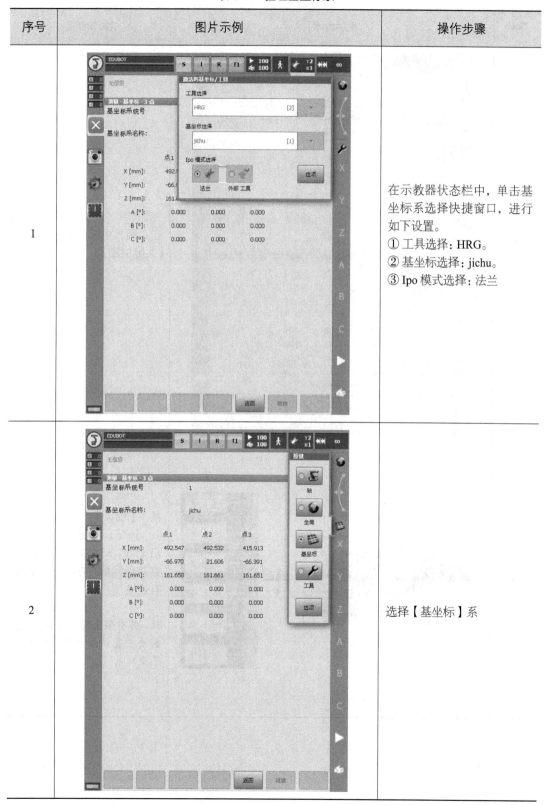	在示教器状态栏中，单击基坐标系选择快捷窗口，进行如下设置。 ① 工具选择：HRG。 ② 基坐标选择：jichu。 ③ Ipo 模式选择：法兰
2		选择【基坐标】系

续表

序号	图片示例	操作步骤
3	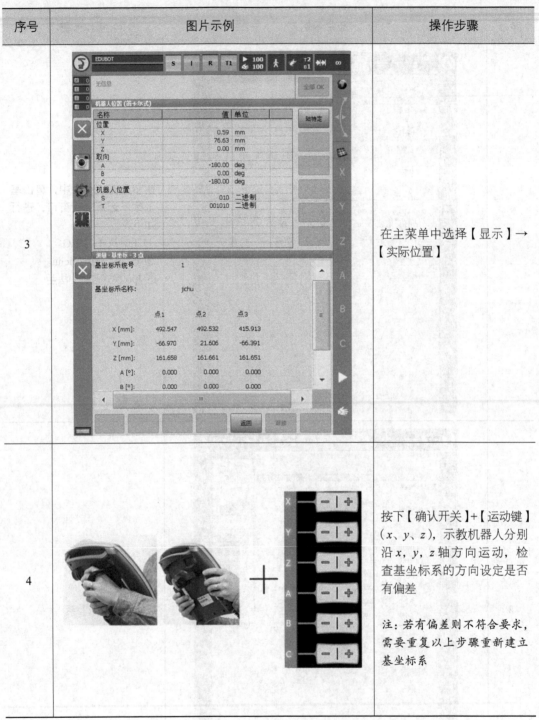	在主菜单中选择【显示】→【实际位置】
4		按下【确认开关】+【运动键】（x、y、z），示教机器人分别沿x，y，z轴方向运动，检查基坐标系的方向设定是否有偏差 注：若有偏差则不符合要求，需要重复以上步骤重新建立基坐标系

思考题

一、填空题

1. KUKA机器人工具坐标系的设置方法包括：＿＿＿＿＿＿＿＿＿＿＿、
＿＿＿＿＿＿＿＿＿＿、＿＿＿＿＿＿＿＿＿＿、＿＿＿＿＿＿＿＿＿和＿＿＿＿＿＿＿＿＿＿。

2. KUKA机器人基坐标系的设置方法包括：＿＿＿＿＿＿＿＿＿＿＿＿、
＿＿＿＿＿＿＿＿＿和＿＿＿＿＿＿＿＿＿。

二、简答题

1. 简述笛卡儿坐标系原理。
2. 简述工具坐标系建立步骤及验证方法。
3. 简述基坐标系建立步骤及验证方法。

第 6 章
I/O 通信

CHAPTER6

KUKA 机器人常用的通信总线有 PROFINET、EtherNet/IP、EtherCAT、自带 I/O 等。外部 I/O 设备通常采用 EtherCAT 通信方式，挂载在 KUKA Extension Bus（SYS-X44）总线上。

本章分别以 EtherCAT 通信方式和选配 I/O 模块来介绍 KUKA 机器人 I/O 设备的使用，I/O 硬件设备采用华太远程 I/O 设备和倍福模块，其基本信息见表 6-1。

表 6-1　华太 I/O 设备硬件介绍

模　块	图　片	型　号
华太远程 I/O 设备		FR8200
倍福模块	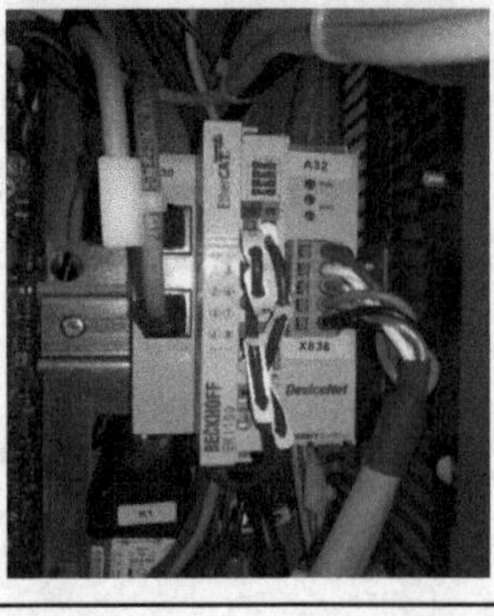	EK1100

6.1 通用 I/O 配置

I/O 信号即输入 / 输出信号,是机器人与末端执行器、外部装置等系统的外围设备进行通信的电信号。

微课视频

I/O 通信 1

6.1.1 I/O 设备硬件连接

KRC4 Compact 控制器与华太 I/O 设备硬件连接如图 6-1 所示。

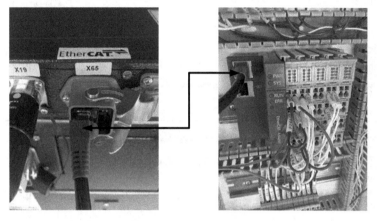

图 6-1 设备硬件连接图

通信方式为 EtherCAT 时,通信线为普通网线即可。网线一端接入控制器端 X65 端口,另一端接入 EtherCAT 适配器 IN 网口。

6.1.2 通用 I/O 设备组态

完成了 I/O 设备的硬件连接后,需要对连接的 I/O 设备进行组态,通过组态导入设备说明文件,完成对设备的硬件信息识别。

组态I/O 设备需要通过 WorkVisual 软件完成,读取设备 DTM 信息,完成设备信息导入,具体步骤见表 6-2。

提示:WorkVisual 软件可在 KUKA 机器人官网下载。

表 6-2 通用 I/O 设备组态步骤

序号	图片示例	说明
1	WorkVisual 4.0	打开 WorkVisual 软件

序号	图片示例	说明
2	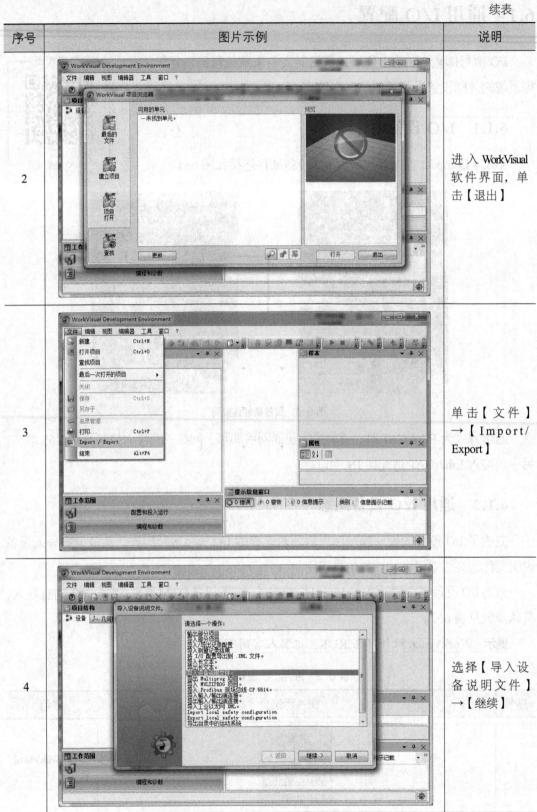	进入 WorkVisual 软件界面，单击【退出】
3		单击【文件】 → 【Import/ Export】
4		选择【导入设备说明文件】 → 【继续】

序号	图片示例	说明
5	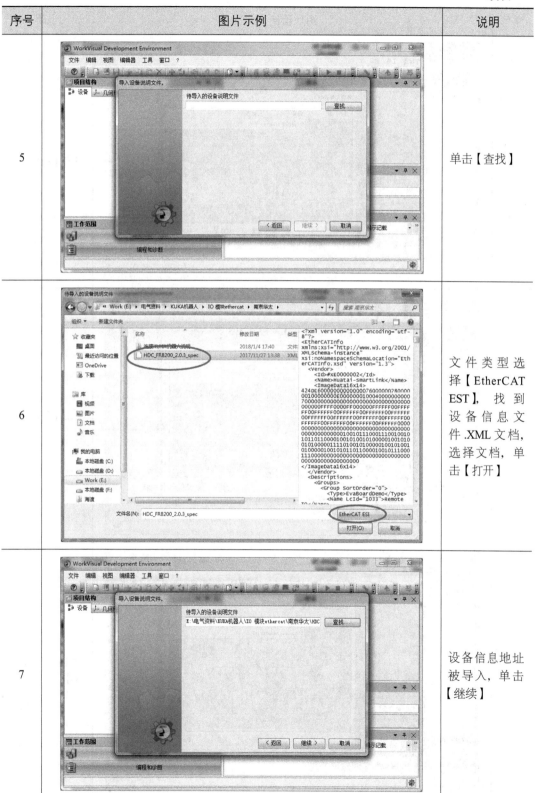	单击【查找】
6		文件类型选择【EtherCAT EST】，找到设备信息文件 .XML 文档，选择文档，单击【打开】
7		设备信息地址被导入，单击【继续】

续表

序号	图片示例	说明
8	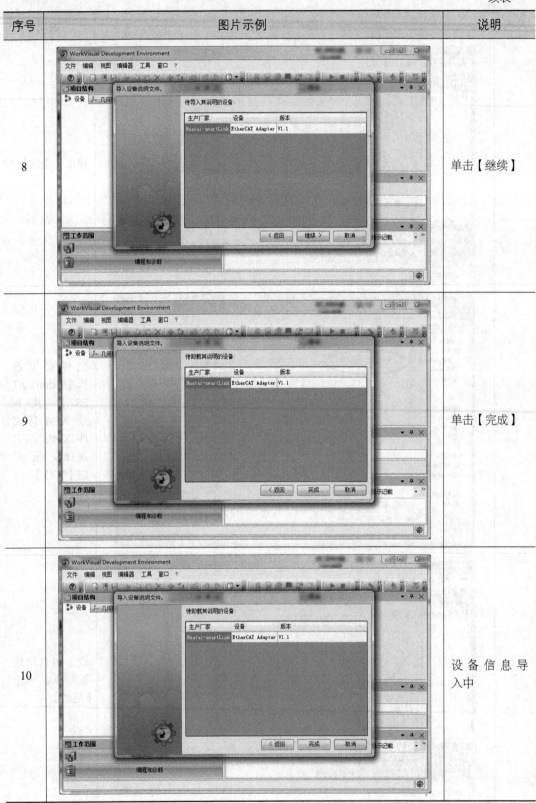	单击【继续】
9		单击【完成】
10		设备信息导入中

续表

序号	图片示例	说明
11		单击【关闭】,完成设备信息导入

6.1.3 通用 I/O 关联

KUKA 机器人通用 I/O 与设备硬件 I/O 关联步骤见表 6-3。关于 WorkVisual 软件通信连接请参考本书 11.3.1 节。

表 6-3 通用 I/O 关联

序号	图片示例	说明
1	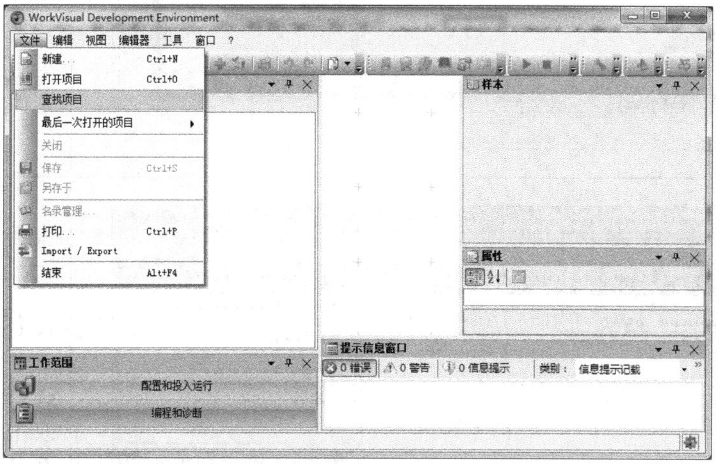	单击【文件】→【查找项目】

序号	图片示例	说明
2	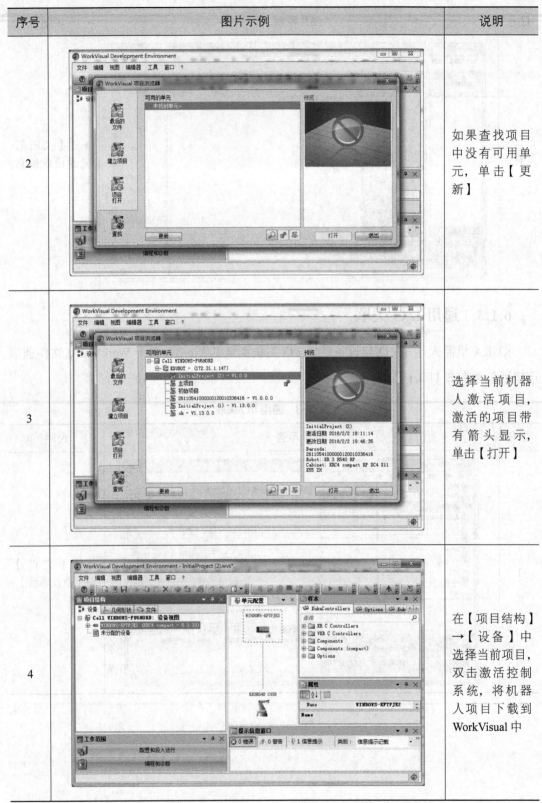	如果查找项目中没有可用单元，单击【更新】
3		选择当前机器人激活项目，激活的项目带有箭头显示，单击【打开】
4		在【项目结构】→【设备】中选择当前项目，双击激活控制系统，将机器人项目下载到WorkVisual中

续表

序号	图片示例	说明
5	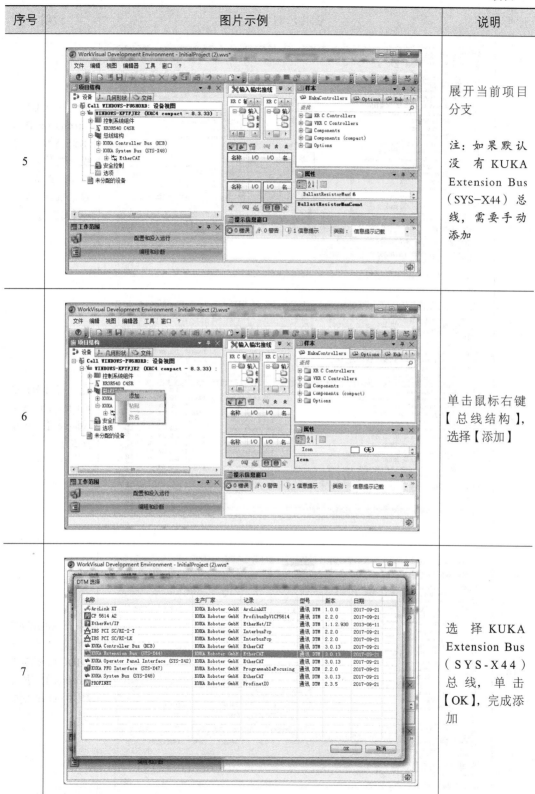	展开当前项目分支 注:如果默认没有 KUKA Extension Bus (SYS-X44)总线,需要手动添加
6		单击鼠标右键【总线结构】,选择【添加】
7		选 择 KUKA Extension Bus (SYS-X44)总线,单击【OK】,完成添加

续表

序号	图片示例	说明
8	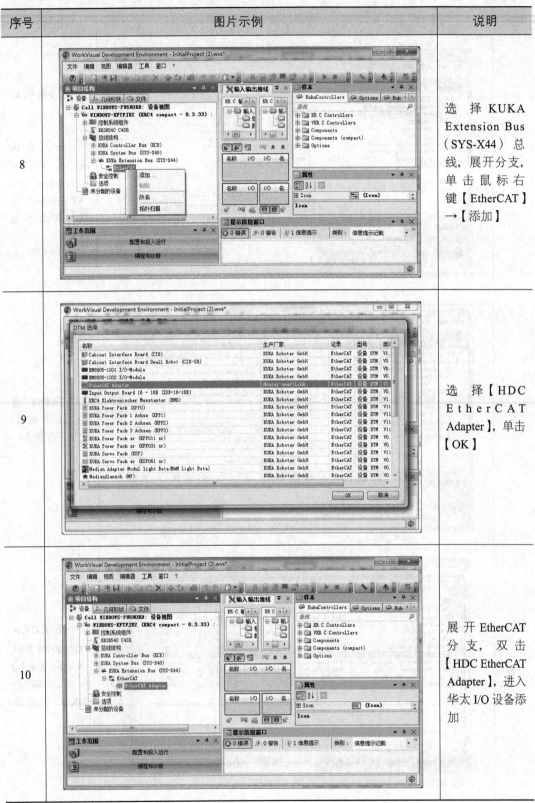	选择 KUKA Extension Bus（SYS-X44）总线，展开分支，单击鼠标右键【EtherCAT】→【添加】
9		选择【HDC EtherCAT Adapter】，单击【OK】
10		展开 EtherCAT 分支，双击【HDC EtherCAT Adapter】，进入华太 I/O 设备添加

序号	图片示例	说明
11	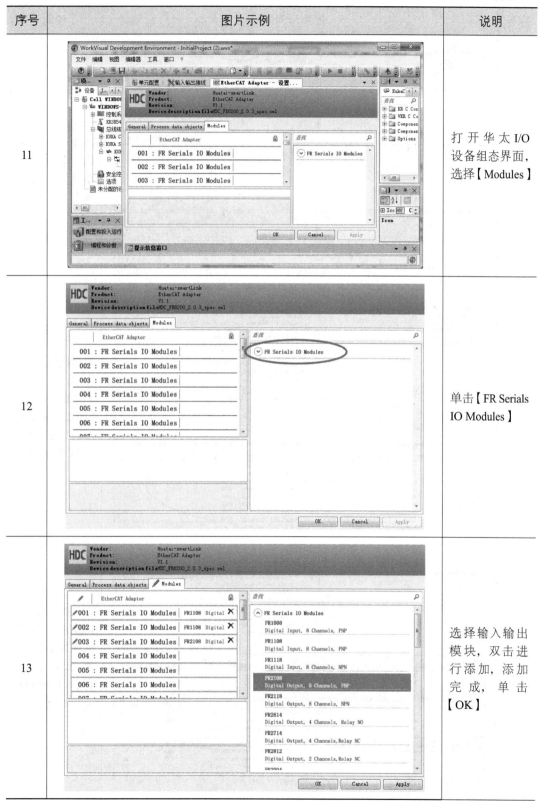	打开华太I/O设备组态界面，选择【Modules】
12		单击【FR Serials IO Modules】
13		选择输入输出模块，双击进行添加，添加完成，单击【OK】

续表

序号	图片示例	说明
14	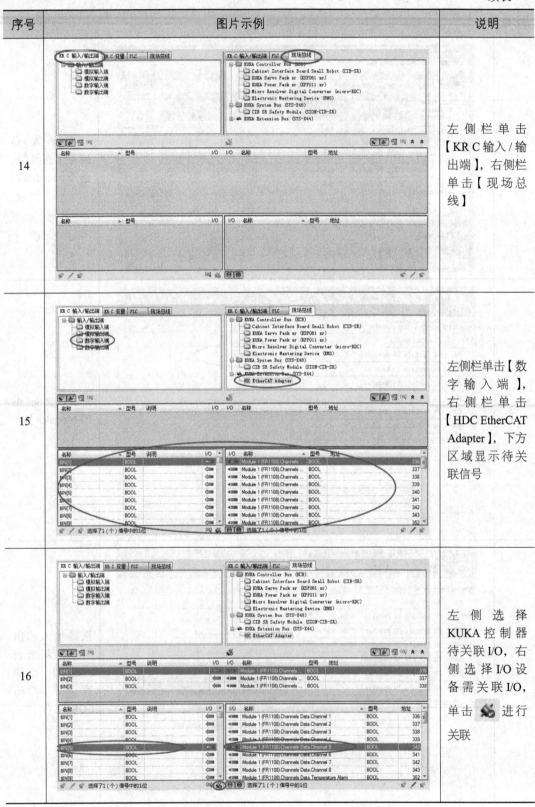	左侧栏单击【KR C 输入/输出端】，右侧栏单击【现场总线】
15		左侧栏单击【数字输入端】，右侧栏单击【HDC EtherCAT Adapter】，下方区域显示待关联信号
16		左侧选择 KUKA 控制器待关联 I/O，右侧选择 I/O 设备需关联 I/O，单击 ⚙ 进行关联

序号	图片示例	说明
17		完成数字输入信号的关联 注：数字输出信号的关联参考此步骤

6.1.4 通用 I/O 配置下载

完成通用 I/O 关联后，需要将配置信息下载到控制器，具体步骤见表 6-4。

表 6-4 通用 I/O 配置下载

序号	图片示例	说明
1		打开配置完成的项目，单击 进行安装

115

序号	图片示例	说明
2	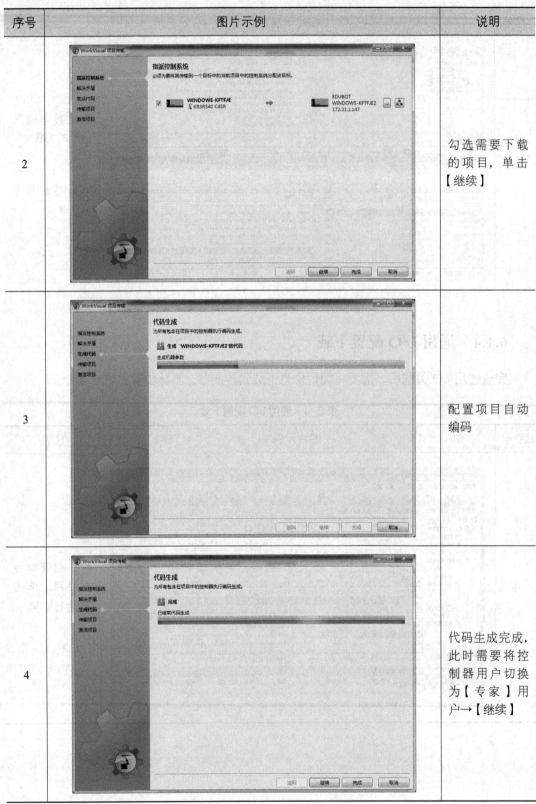	勾选需要下载的项目，单击【继续】
3		配置项目自动编码
4		代码生成完成，此时需要将控制器用户切换为【专家】用户→【继续】

续表

序号	图片示例	说明
5	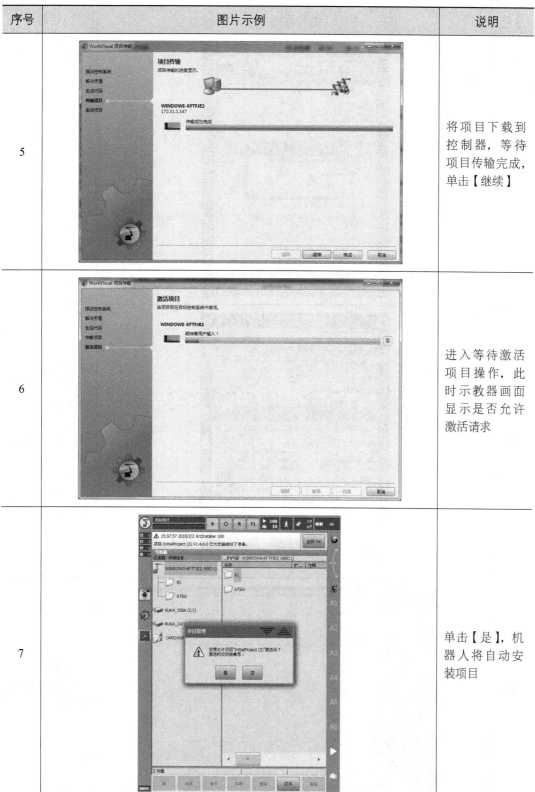	将项目下载到控制器，等待项目传输完成，单击【继续】
6		进入等待激活项目操作，此时示教器画面显示是否允许激活请求
7		单击【是】，机器人将自动安装项目

续表

序号	图片示例	说明
8	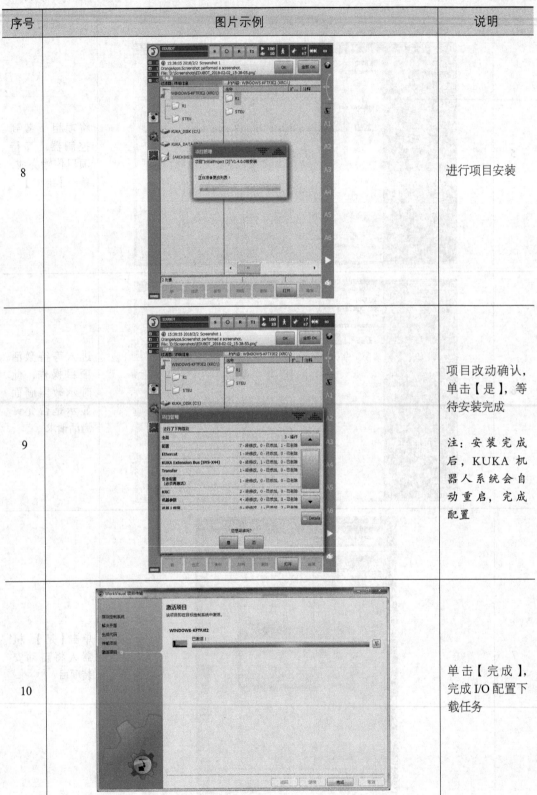	进行项目安装
9		项目改动确认，单击【是】，等待安装完成 注：安装完成后，KUKA 机器人系统会自动重启，完成配置
10		单击【完成】，完成 I/O 配置下载任务

6.2 通用 I/O 显示

6.2.1 数字输入 I/O 信号状态查看

查看当前数字输入 I/O 信号状态方法见表 6-5。

表 6-5 查看当前数字输入 I/O 信号状态方法

序号	图片示例	说明
1	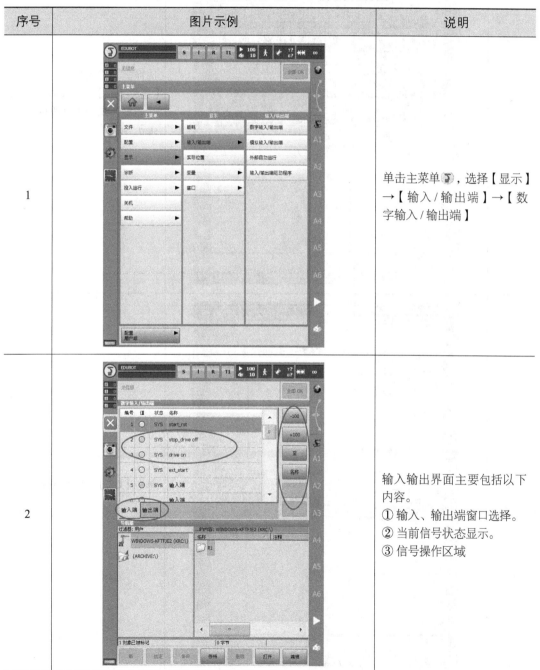	单击主菜单，选择【显示】→【输入 / 输出端】→【数字输入 / 输出端】
2		输入输出界面主要包括以下内容。 ① 输入、输出端窗口选择。 ② 当前信号状态显示。 ③ 信号操作区域

续表

序号	图片示例	说明
3	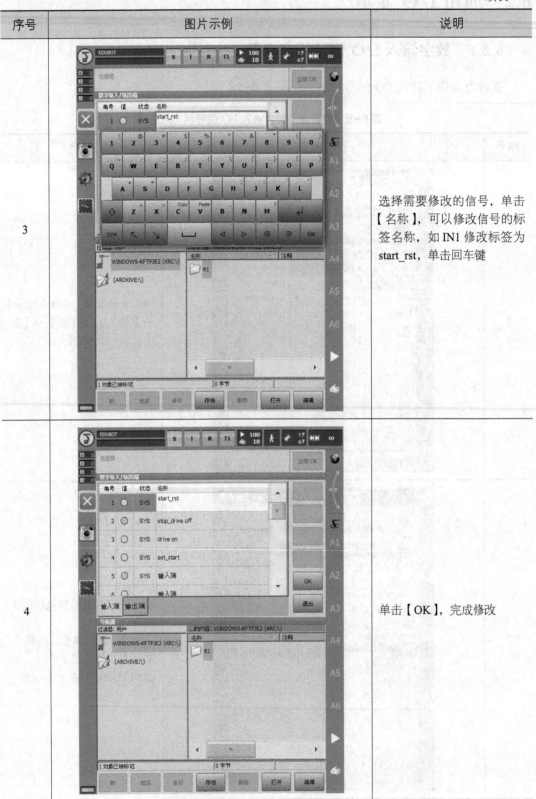	选择需要修改的信号，单击【名称】，可以修改信号的标签名称，如 IN1 修改标签为 start_rst，单击回车键
4		单击【OK】，完成修改

续表

序号	图片示例	说明
5	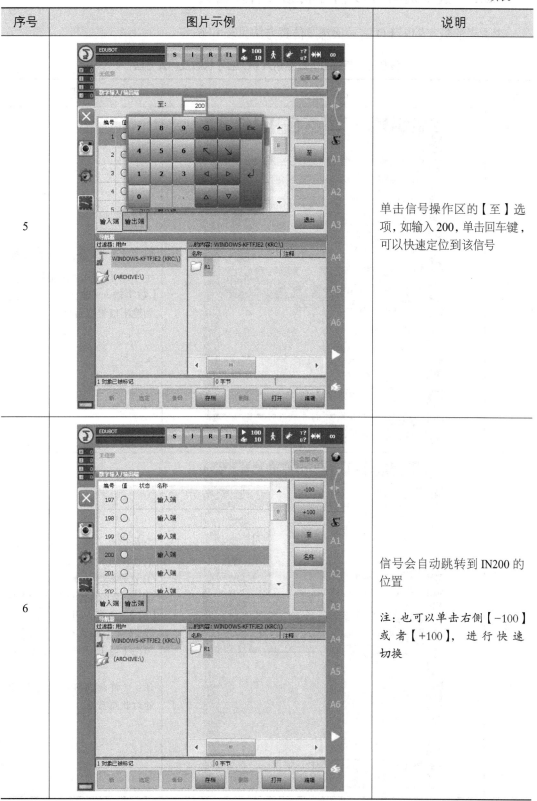	单击信号操作区的【至】选项，如输入 200，单击回车键，可以快速定位到该信号
6		信号会自动跳转到 IN200 的位置 注：也可以单击右侧【-100】或者【+100】，进行快速切换

6.2.2　数字输出 I/O 信号状态查看及仿真

查看当前数字输出 I/O 信号状态及仿真方法见表 6-6。

表 6-6　查看当前数字输入 I/O 信号状态及仿真方法

序号	图片示例	说明
1	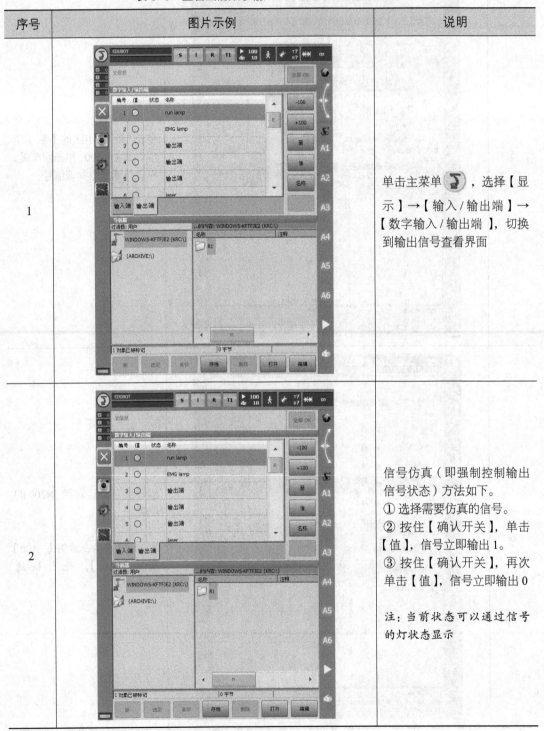	单击主菜单 ，选择【显示】→【输入 / 输出端】→【数字输入 / 输出端】，切换到输出信号查看界面
2		信号仿真（即强制控制输出信号状态）方法如下。 ① 选择需要仿真的信号。 ② 按住【确认开关】，单击【值】，信号立即输出 1。 ③ 按住【确认开关】，再次单击【值】，信号立即输出 0 注：当前状态可以通过信号的灯状态显示

6.3 外部自动运行配置

6.3.1 外部输入端

外部输入端是指通过外部的输入信号控制机器人输入端的相应
动作，可以理解为系统输入，其信号界面如图 6-2 所示。

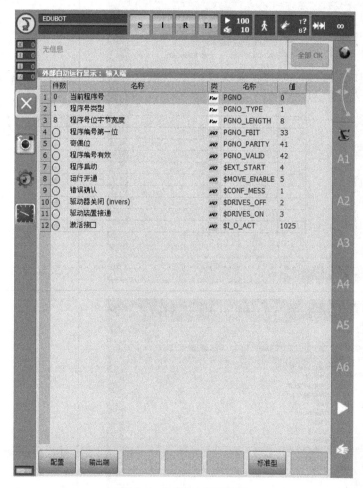

图 6-2 外部输入信号界面

外部输入信号界面包含控制器所有的外部输入信号、当前信号的状态以及所关联的通
用 I/O 信号端口。

外部输入端信号的状态由通用输入信号的状态决定，具体取决于每个信号后面的值。
如果外部输入端口信号后面值为"1"，则该信号由通用输入信号 IN[1] 状态控制。

配置外部输入端口信号的状态见表 6-7。

表6-7　配置外部输入端口信号

序号	图片示例	说明
1	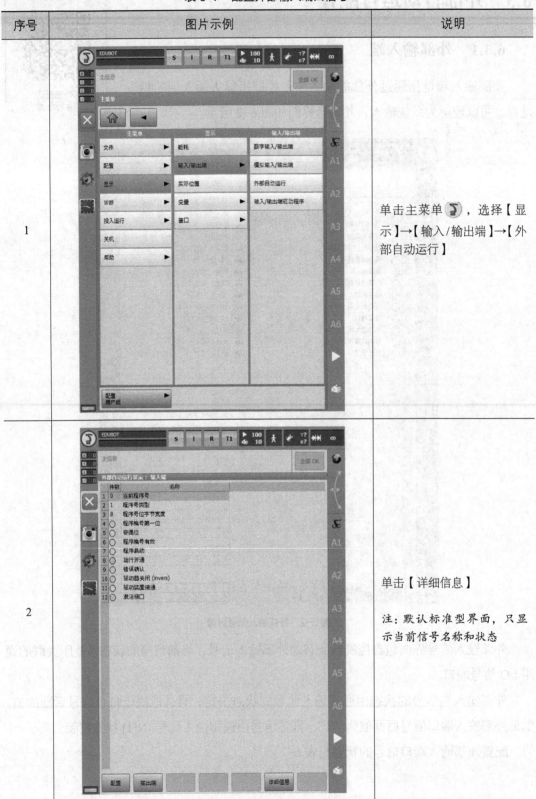	单击主菜单 🐍，选择【显示】→【输入/输出端】→【外部自动运行】
2		单击【详细信息】 注：默认标准型界面，只显示当前信号名称和状态

序号	图片示例	说明
3	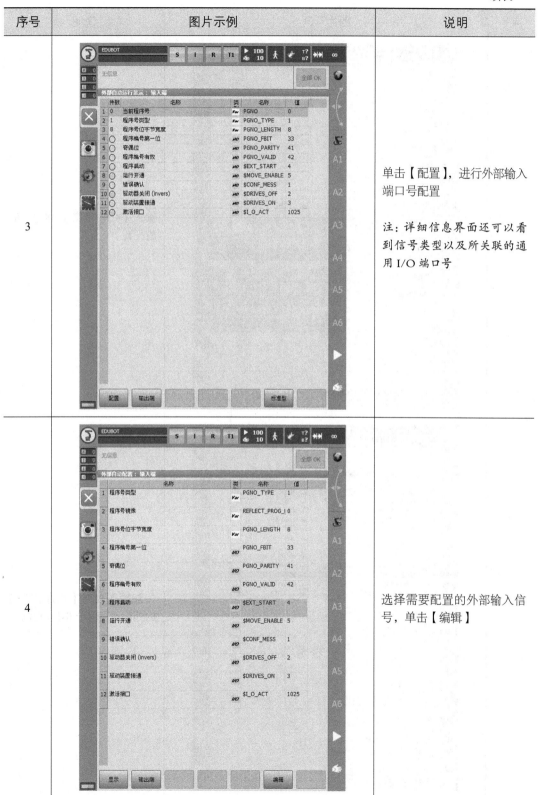	单击【配置】，进行外部输入端口号配置 注：详细信息界面还可以看到信号类型以及所关联的通用 I/O 端口号
4		选择需要配置的外部输入信号，单击【编辑】

续表

序号	图片示例	说明
5	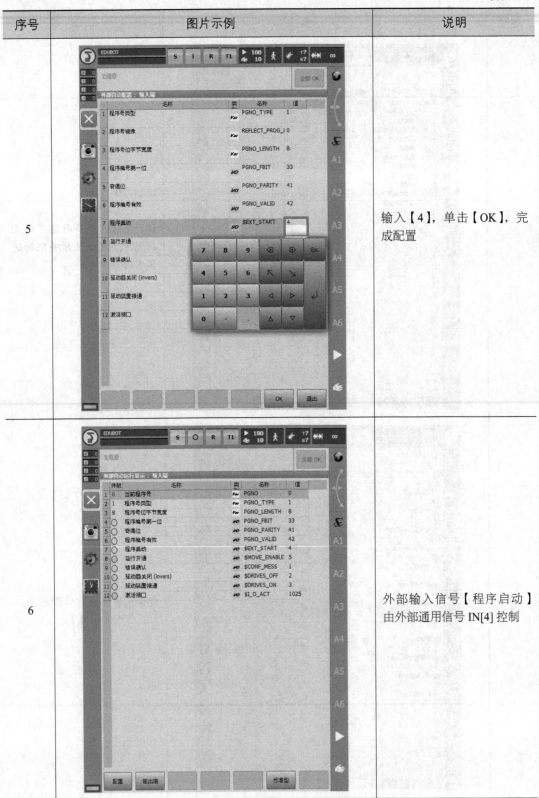	输入【4】，单击【OK】，完成配置
6		外部输入信号【程序启动】由外部通用信号 IN[4] 控制

6.3.2 外部输出端

外部输出端是指控制器通过外部通用的输出信号将 KUKA 机器人当前的系统状态输出来，可以理解为系统输出，其信号界面如图 6-3 所示。

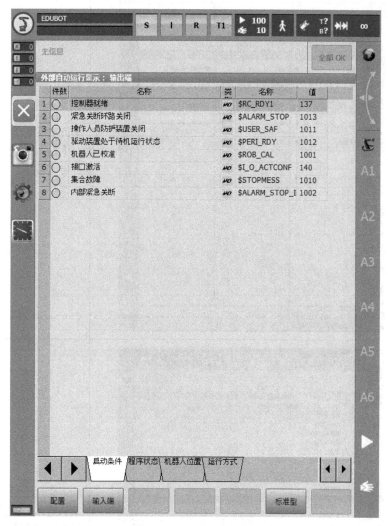

图 6-3 外部输出信号界面

通过外部输出信号界面可以看到控制器所有的外部输出信号、当前信号的状态以及所关联的通用 I/O 信号端口。

外部输出端信号的状态由通用输出信号显示，具体取决于每个信号后面的值，如果外部输出端口信号后面值为"137"，则该信号由通用输出信号 OUT[137] 显示。如果当前外部输出信号状态为"1"，则通用输出信号 OUT[137] 状态为"1"；如果当前外部输出信号状态为"0"，则通用输出信号 OUT[137] 状态为"0"。配置外部输出端口信号的状态见表6-8。

表 6-8　配置外部输出端口信号

序号	图片示例	说明
1	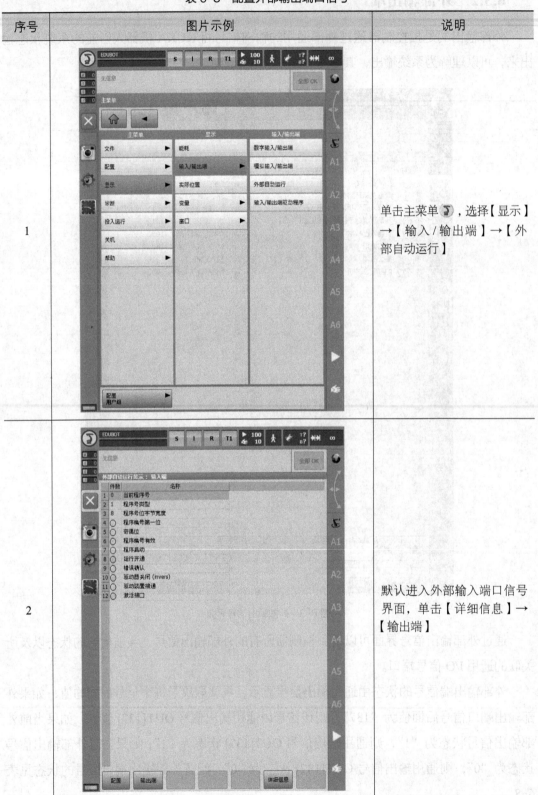	单击主菜单 ，选择【显示】→【输入/输出端】→【外部自动运行】
2		默认进入外部输入端口信号界面，单击【详细信息】→【输出端】

续表

序号	图片示例	说明
3	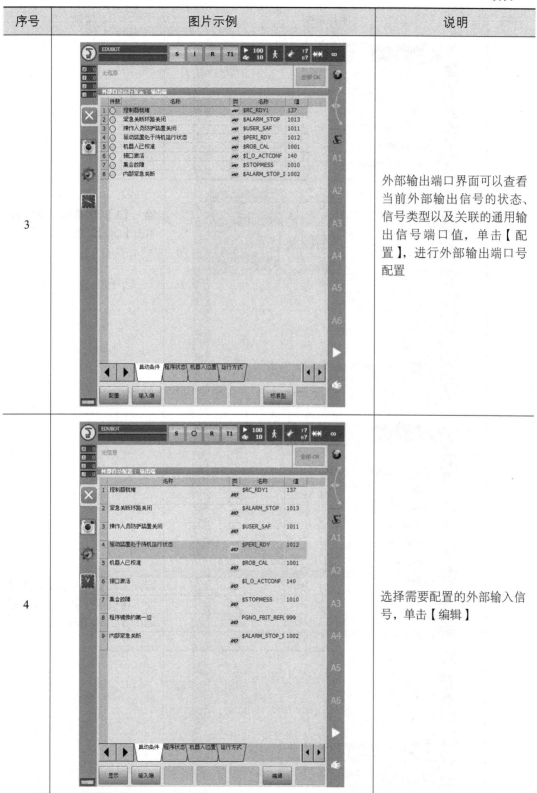	外部输出端口界面可以查看当前外部输出信号的状态、信号类型以及关联的通用输出信号端口值，单击【配置】，进行外部输出端口号配置
4		选择需要配置的外部输入信号，单击【编辑】

序号	图片示例	说明
5	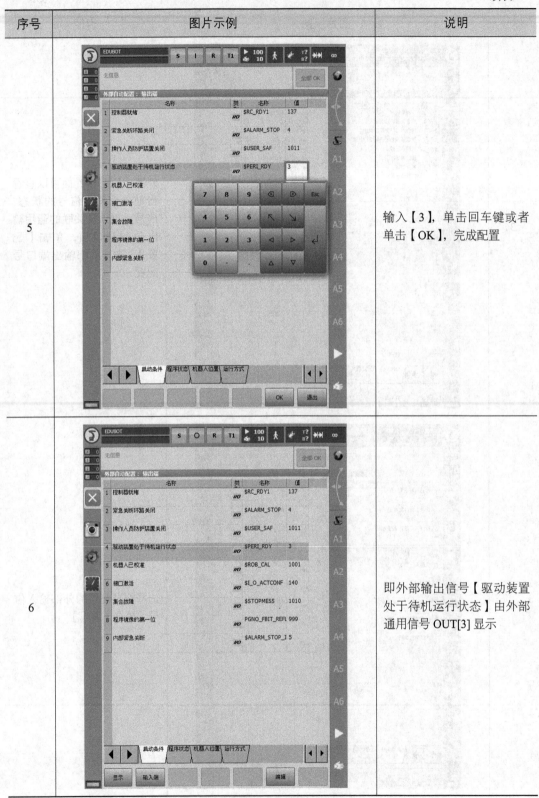	输入【3】，单击回车键或者单击【OK】，完成配置
6		即外部输出信号【驱动装置处于待机运行状态】由外部通用信号 OUT[3] 显示

6.3.3 实现外部自动运行配置

机器人外部自动运行即通过外部设备控制机器人动作，外部设备可以是输入按钮，上位控制机 PLC 等。

实现 KUKA 机器人外部启动的方式有很多，本节介绍一种比较简单的配置方法，不通过程序号，而是通过选定好要运行的程序的外部启动 KUKA 机器人方法。

1. 外部启动实现步骤

在 T1 模式下，把用户程序按控制要求插入到 cell.src，选定 cell.src 程序。

① 把 KUKA 机器人运行模式切换到 EXT 模式。

② 在 KUKA 机器人系统没有报错的条件下，上电即刻给 KUKA 机器人发出【运行开通，$MOVE_ENABLE】信号。注：此信号需一直接通，且不能为 1025。

③ 给完【运行开通，$MOVE_ENABLE】信号 500 ms 后，再给 KUKA 机器人【驱动器关闭，$DRIVE_OFF】（需一直接通，且不能为 1025）信号。

④ 给完【驱动器关闭，$DRIVE_OFF】信号 500 ms 后，再给 KUKA 机器人【错误确认，$CONF_MESS】信号。

⑤ 给完【错误确认，$CONF_MESS】信号 500 ms 后，再给 KUKA 机器人【驱动装置接通，$DRIVE_ON】信号。

⑥ 给完【驱动装置接通，$DRIVE_ON】信号后，需等待接收到 KUKA 机器人发出【驱动装置处于待机运行状态，$PERI_RDY】信号，接收到信号后再断开【驱动装置接通，$DRIVE_ON】信号。

⑦ 最后发送一个大于 500 ms 的【程序启动，$EXT_START】信号就可以启动 KUKA 机器人。

2. 外部停止实现原理及步骤

断掉【驱动器关闭，$DRIVE_OFF】信号，KUKA 机器人伺服立即断电，KUKA 机器人停止。再次启动 KUKA 机器人需按外部启动方法重新启动。

3. 外部具体配置

外部具体配置如图 6-4 所示。

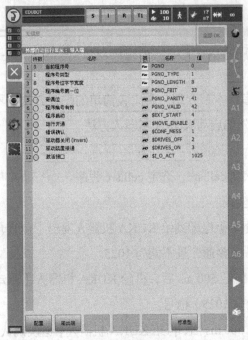
（a）外部启动输入配置

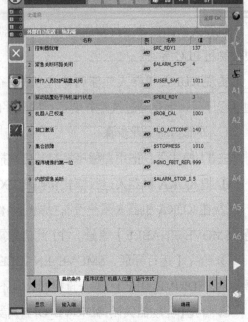
（b）外部启动输出配置

图6-4 外部启动配置

6.4 通用 I/O 配置

倍福 I/O 模块是 KUKA 机器人控制器官方选配 I/O 模块之一。若选用倍福 I/O 模块，在出厂时，控制器与倍福 I/O 模块则已完成相关硬件连接。用户只需要对连接的 I/O 设备进行组态，通过组态导入设备说明文件，完成对设备的硬件信息识别。

微课视频
I/O 通信2

组态 I/O 设备需要通过 WorkVisual 软件完成，读取设备 DTM 信息，完成设备信息导入，具体步骤见表6-2，不再赘述。

KUKA 机器人通用 I/O 与设备硬件 I/O 关联步骤见表6-9。关于 WorkVisual 软件通信连接请参考本书 11.3.1 节。

表6-9 通用I/O与设备硬件I/O关联

序号	图片示例	说明
1	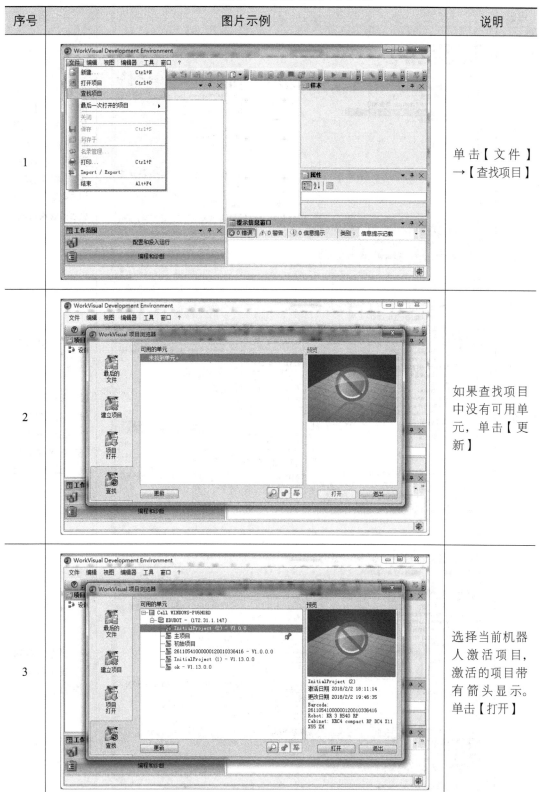	单击【文件】→【查找项目】
2		如果查找项目中没有可用单元,单击【更新】
3		选择当前机器人激活项目,激活的项目带有箭头显示。单击【打开】

续表

序号	图片示例	说明
4	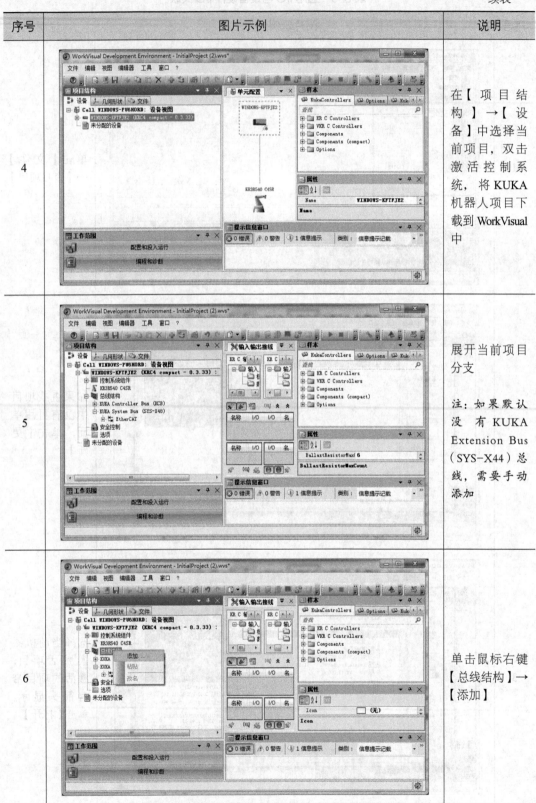	在【项目结构】→【设备】中选择当前项目，双击激活控制系统，将KUKA机器人项目下载到WorkVisual中
5		展开当前项目分支 注：如果默认没有KUKA Extension Bus（SYS-X44）总线，需要手动添加
6		单击鼠标右键【总线结构】→【添加】

续表

序号	图片示例	说明
7	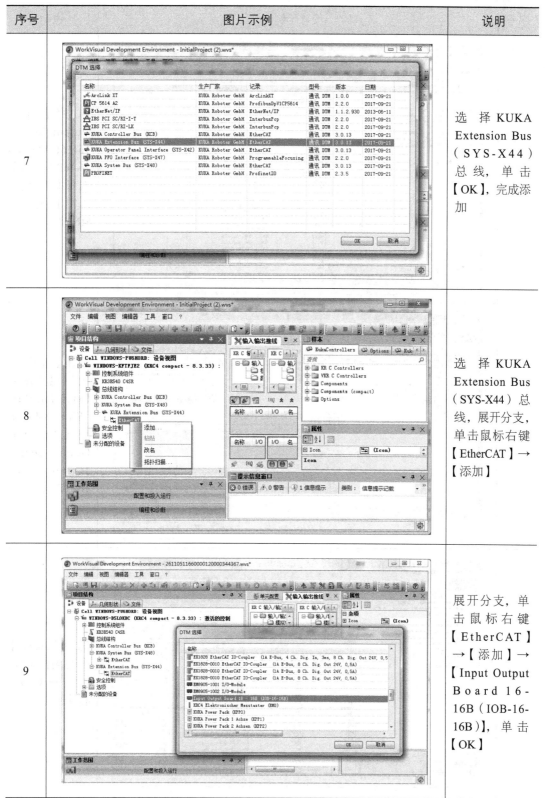	选择 KUKA Extension Bus（SYS-X44）总线，单击【OK】，完成添加
8		选择 KUKA Extension Bus（SYS-X44）总线，展开分支，单击鼠标右键【EtherCAT】→【添加】
9		展开分支，单击鼠标右键【EtherCAT】→【添加】→【Input Output Board 16-16B（IOB-16-16B）】，单击【OK】

序号	图片示例	说明
10	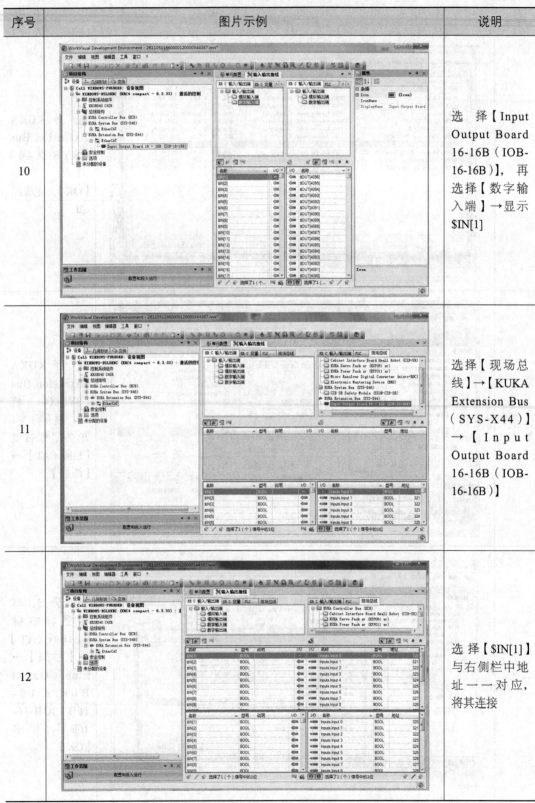	选择【Input Output Board 16-16B（IOB-16-16B）】，再选择【数字输入端】→显示 $IN[1]
11		选择【现场总线】→【KUKA Extension Bus（SYS-X44）】→【Input Output Board 16-16B（IOB-16-16B）】
12		选择【$IN[1]】与右侧栏中地址一一对应，将其连接

续表

序号	图片示例	说明
13		逐一将 $IN[1] \sim$ $IN[17]$ 连接
14		【数字输出端】和【数字输入端】操作方式一样 注：数字输出信号的关联参考此步骤

完成通用 I/O 关联后，需要将配置信息下载到控制器，具体步骤见表 6-4，不再赘述。

思考题

一、填空题

1. KUKA 机器人常用的通信总线包括：＿＿＿＿＿＿＿＿、＿＿＿＿＿＿＿＿、
＿＿＿＿＿＿＿＿和＿＿＿＿＿＿＿＿。

2. 通信方式为 EtherCAT 时，KUKA 机器人 I/O 设备组态前需要将＿＿＿＿＿＿＿＿

和_____连接。

二、简答题

1. 简述数字输出 I/O 信号的查看方式。

2. 简述外部输入端的定义。

3. 简述外部输出端的定义。

4. 简述如何实现外部自动运行。

第7章
KUKA 机器人基本指令

KUKA 机器人常用的基本指令包括动作指令、逻辑指令、流程控制指令等。其指令菜单包括上一条指令、运动、移动参数、逻辑、模拟输出、注释，如图 7-1 所示。

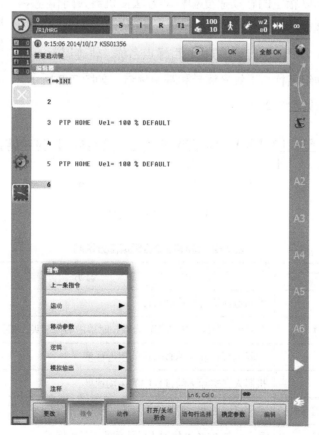

图 7-1　指令菜单界面

指令菜单中的相关功能介绍见表 7-1。

表 7-1　指令菜单的相关功能介绍

序号	指令菜单	注释
1	上一条指令	执行上一次执行的命令，其参数值将被写入输入窗口作为参考
2	运动	包括点到点运动、线性运动、圆周运动、样条动作指令
3	移动参数	力矩监控
4	逻辑	包括等待指令、数字输出指令、样条曲线触发器等
5	模拟输出	包括静态和动态
6	注释	包括标准和印章

本章主要介绍运动指令和逻辑指令。

7.1　动作指令

微课视频

动作指令

动作指令是指以指定的移动速度和移动方法使机器人向作业空间内的指定位置移动的指令。

动作指令包含 7 个部分：运动方式、目标点名称、轨迹逼近、移动速度、运动数据组名称、工具坐标号和基坐标号，如图 7-2 所示。其各组成部分说明见表 7-2。

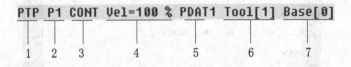

图 7-2　动作指令格式

表 7-2　动作指令各组成部分说明

序号	名称	说明
1	运动方式	指向目标位置的移动轨迹
2	目标点名称	名称可以更改。需要编辑点数据时单击触摸箭头，相关选项窗口即可打开
3	轨迹逼近	实际运行轨迹与示教轨迹的接近程度
4	移动速度	机器人在实际运动过程中的运动速度
5	运动数据组名称	名称可以更改。需要编辑点数据时单击触摸箭头，相关选项窗口即可打开
6	工具坐标号	显示当前 KUKA 机器人所使用的工具坐标系
7	基坐标号	显示当前 KUKA 机器人所使用的基坐标系

7.1.1　运动方式

KUKA 机器人常用的运动方式有 4 类：点到点运动（Point to Point，PTP）（PTP）、线性运动（LIN）、圆周运动（CIRC）和样条运动。

1. 点到点运动

点到点运动是指机器人沿最快的轨迹将 TCP 从起始点移动至目标点的运动，这是耗时最短，也是最优化的移动方式。

一般情况下最快的轨道并不是最短的轨道，也就是说轨迹并非是直线。因为 KUKA 机器人轴进行回转运动，所以曲线轨道比直线轨道行进更快。所有轴的运动同时开始和结束，这些轴必须同步，因此无法精确地预计机器人的轨迹。

如图 7-3 所示，KUKA 机器人工具 TCP 从 P1 点移动到 P2 点，采用 PTP 运动方式时，移动路线不一定是直线。由于此轨迹无法精确预知，所以在调试以及运行时，应该在阻挡物体附近降低速度来测试 KUKA 机器人的移动特性，否则可能发生碰撞并且导致部件或 KUKA 机器人损伤。

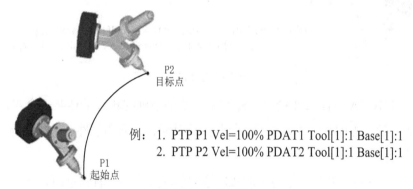

例：1. PTP P1 Vel=100% PDAT1 Tool[1]:1 Base[1]:1
　　2. PTP P2 Vel=100% PDAT2 Tool[1]:1 Base[1]:1

图 7-3　点到点运动

2. 线性运动

线性运动是指 KUKA 机器人沿一条直线以定义的速度将 TCP 移动至目标点的运动，如图 7-4 所示。

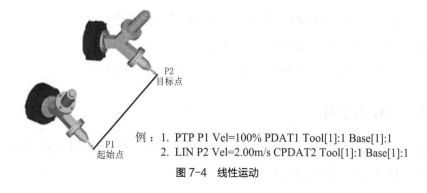

例：1. PTP P1 Vel=100% PDAT1 Tool[1]:1 Base[1]:1
　　2. LIN P2 Vel=2.00m/s CPDAT2 Tool[1]:1 Base[1]:1

图 7-4　线性运动

在线性运动过程中，KUKA 机器人各轴之间将进行配合，使得 TCP 从起始点到目标点做直线运动，因为两点确定一条直线，所以只要给出目标点就可以了。

3. 圆周运动

圆周运动是指 KUKA 机器人沿圆形轨道以定义的速度将 TCP 移动至目标点的运动，如图 7-5 所示。

圆形轨道是通过起始点、辅助点和目标点 3 点定义的。上一条指令以精确定位方式抵达的目标点可以作为起始点，辅助点是指圆周所经历的中间点，对于辅助点来说，只是坐标 x、y 和 z 起决定作用。起始点、辅助点和目标点在空间的一个平面上，为了使 KUKA 机器人能够尽可能准确地确定这一平面，上述 3 个点相互之间离得越远越好。

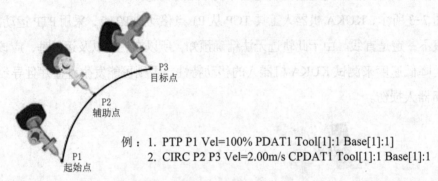

例：1. PTP P1 Vel=100% PDAT1 Tool[1]:1 Base[1]:1
2. CIRC P2 P3 Vel=2.00m/s CPDAT1 Tool[1]:1 Base[1]:1

图 7-5　圆周运动

如果要求 KUKA 机器人按给定的速度沿着某条精确的轨迹抵达某一个点，或者存在对撞的危险而不能以 PTP 运动方式抵达某些点的时候，将采用线性运动或圆周运动。

4. 样条运动

样条运动是一种尤其适用于复杂曲线轨迹的运动方式。这种轨迹原则上也可以通过多个线性运动和圆周运动合成一个样条组运动，而位于样条组中的运动称为样条段，可以对它们单独进行示教。KUKA 机器人控制系统把一个样条组作为一个运动语句进行设计和执行。

KUKA 机器人的样条组分为 2 种类型：CP 样条组和 PTP 样条组。

① CP 样条组：可以包含 SPL、SLIN 和 SCIRC 样条段指令。

② PTP 样条组：可以包含 SPTP 样条段指令。

如果一个样条组中不包含任何样条段，则不能称为动作指令。

7.1.2　目标点名称

系统会对目标点自动分配一个名称，用户也可以更改。触摸箭头以编辑点数据，则坐标系选项窗口自动打开，如图 7-6 所示。

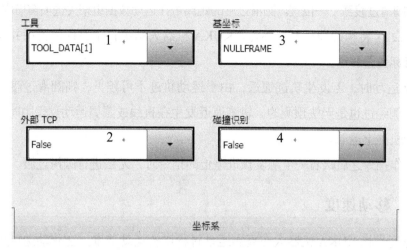

图 7-6　坐标系选项窗口

在坐标系选项窗口中输入工具坐标系和基坐标系的正确数据，以及外部 TCP 和碰撞监控的数据。表 7-3 是坐标系选项窗口中选项说明。

表 7-3　坐标系选项窗口说明

序号	名称	说明
1	工具	外部 TCP 栏中显示 True 时，选择工具坐标系。选择范围：[1] ~ [16]
2	外部 TCP	① False：该工具已安装在连接法兰上。 ② True：该工具为固定工具
3	基坐标	外部 TCP 栏中显示 True 时，选择固定基坐标系。选择范围：[1] ~ [32]
4	碰撞识别	① True：KUKA 机器人控制系统为此运动计算轴的扭矩。此值用于碰撞识别 ② False：KUKA 机器人控制系统不为此运动计算轴的扭矩。因此无法对此运动进行碰撞识别

7.1.3　轨迹逼近

轨迹逼近是指 KUKA 机器人将不会精确移至程序设定的目标点，起到减少磨损、工艺需要或降低节拍时间等作用。通常情况下，KUKA 机器人是圆滑过渡至下一点目标点，如图 7-7 所示。KUKA 机器人轨迹逼近包括以下2 种状态。

① CONT：目标点被轨迹逼近。KUKA 机器人靠近目标位置，但不在该位置停止而是趋近目

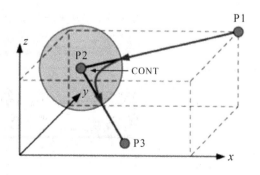

图 7-7　轨迹逼近

标位置后，圆滑过渡至下一位置。圆滑过渡的距离可在运动数据组相关选项窗口中修改。

② [空白]：将精确地移至目标点。KUKA 机器人精确移至目标位置后并停顿，然后向着下一目标位置移动。

在 PTP 运动时，若发生轨迹逼近，由于运动轨迹不可预见，则圆滑过渡的滑过点在轨迹的哪一侧经过也是无法预测的。轨迹逼近发生在直线或圆周运动过程中时，滑过点在一条更短的轨迹上运动。

当在动作指令之后跟着一个触发预进停止的指令时，无法进行圆滑过渡。

7.1.4 移动速度

移动速度是指 KUKA 机器人在真实运动过程中的运动速度。在移动速度中需要指定速度的单位，可选择的速度单位根据动作指令运动方式的不同而不同。

① PTP 运动时，移动速度是指相对最大速度的比率，范围为 1% ~ 100%。

② 沿轨迹运动时，移动速度范围为 0.001~2m/s。

7.1.5 运动数据组名称

系统会对运动数据组自动分配一个名称，用户也可以更改。KUKA 机器人的运动数据组包括以下 2 类。

① PDAT：表示点到点运动数据组名称，可以进行相关运动参数设置。

② CPDAT：表示连续轨迹运动数据组名称，可设置线性运动、圆周运动和样条运动相关参数。

触摸箭头以编辑运动数据组数据，则移动参数选项窗口自动打开，如图 7-8 所示，相关选项功能见表 7-4。在运动参数选项窗口中可将加速度从最大值降下来。如果已经激活轨迹逼近，则可以更改圆滑过渡距离。根据运动方式的不同，该距离的单位可以设置为 mm 或 %。

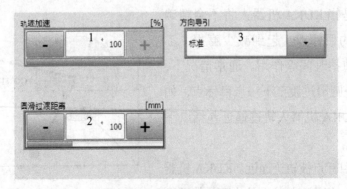

图 7-8　移动参数选项窗口

表 7-4　移动参数选项功能

序号	名称	说明
1	轨迹加速	相对 KUKA 机器人数据中给出的最大加速度的比率，范围为 1%～100%。此最大值与 KUKA 机器人类型和所设定的运行方式有关
2	圆滑过渡距离	只有在轨迹逼近为 CONT 时，此栏才显示。表示离目标点的距离，并开始发生圆滑过渡。 最大值：从起始点到目标点之间距离的一半。如果输入一个大于最大值的数值，则系统默认采用最大值。 ① PTP 运动时，范围为 1%～100%。 ② 连续轨迹运动时，范围为 1～1 000 mm
3	方向导引	仅在 LIN 和 CIRC 运动时才显示该栏。 选择姿态导引方式有 3 种：标准、手动 PTP、恒定的方向。 ① 标准：TCP 的姿态在运动过程中不断均匀变化。 ② 手动 PTP：TCP 的姿态在运动过程中不断变化，但变化不均匀。当 KUKA 机器人必须精确保持特定方向运行时，如进行激光焊接，则不宜使用。 ③ 恒定的方向：TCP 的姿态在运动过程中保持不变

7.2　逻辑指令

微课视频

逻辑指令

KUKA 机器人常用的逻辑指令有 WAIT（等待延时）、WAITFOR（等待信号输入）、OUT（信号输出）、PULSE（脉冲输出）等。

7.2.1　WAIT

WAIT 指令是指与时间相关的等待功能指令。WAIT 指令可以使 KUKA 机器人的运动按编程设定的时间暂停，WAIT 指令总是触发一次预进停止，单位为 s。WAIT 指令的详情见表 7-5。

表 7-5　WAIT 指令

名称	注释
联机表格	WAIT　Time=　①1　s
内容	①等待时间，常数
示例	WAIT Time=1s
说明	机器人等待 1s

7.2.2　WAITFOR

WAIT FOR 指令是指与信号相关的等待功能指令。需要时可将多个信号（最多12个）按逻辑连接。如果添加了一个逻辑连接，则指令中会出现用于附加信号和其他逻辑连接的选项。WAIT FOR 指令的详情见表 7-6。

表 7-6　WAIT FOR 指令

名称	注释
联机表格	WAIT FOR ① (② ③ IN ④ 1 ⑤) ⑥
内容	①添加外部连接：AND、OR、EXOR、NOT、[空白] ②添加内部连接：AND、OR、EXOR、NOT、[空白] ③等待的信号：IN、OUT、CYCFLAG、TIMER、FLAG ④信号编号 ⑤信号名称 ⑥ CONT：在预进过程中加工 [空白]：带预进停止的加工
示例	WAIT FOR（ IN 1…）
说明	等待输入 1 有信号

7.2.3　OUT

OUT 指令是信号输出指令，将数字输出端口切换成 TRUE（"高"电平）或者 FALSE（"低"电平）状态。OUT 指令的详情见表 7-7。

表 7-7　OUT 指令

名称	注释
联机表格	OUT ① 1 ② State= ③ TRUE ④ CONT
内容	①输出端编号 ②输出端名称 ③输出端切换成的状态：TRUE、FALSE ④ CONT：在预进过程中加工 [空白]：带预进停止的加工
示例	OUT1…State=TRUE
说明	将数字输出端口 1 设置为 TRUE 状态

7.2.4　PULSE

PULSE 指令是输出一个定义长度的脉冲。PULSE 指令的详情见表 7-8。

表 7-8 PULSE 指令

名称	注释
联机表格	PULSE ①1 ② State= ③TRUE ④CONT Time= ⑤0.1 sec
内容	①输出端编号 ②输出端名称 ③输出端切换成的状态：TRUE、FALSE ④ CONT：在预进过程中加工 [空白]：带预进停止的加工 ⑤脉冲长度：0.10 ~ 3.00 s
示例	PULSE 1…State=TRUE Time=0.1 s
说明	数字输出端口 1 输出长度为 0.1 s 的高电平

7.3 流程控制指令

微课视频

流程控制指令

除了纯动作指令和通信指令（切换和等待功能）之外，在 KUKA 机器人程序中还有大量用于控制程序流程的指令。流程控制指令主要包括以下 2 类。

① 循环指令：循环指令是指不断重复执行指令块的指令，直至出现终止条件。包含无限循环、计数循环、条件循环。

② 分支指令：使用分支指令后，便可以只在特定的条件下执行程序段。包含条件分支和多分支结构。

7.3.1 循环指令

1. 无限循环指令——LOOP

LOOP 指令是指令段运行完之后无止境地重复运行的指令。可通过一个提前出现的中断（含 EXIT 功能）退出循环语句。LOOP 指令的详情见表 7-9。

表 7-9 LOOP 指令

名称	注释
格式	LOOP … ENDLOOP
情况 1	无中断的无限循环（无 EXIT）

名称	注释
示例	LOOP PTP P1 Vel=100% PDAT1 Tool[1]:1 Base[1]:1 PTP P2 Vel=100% PDAT2 Tool[1]:1 Base[1]:1 ENDLOOP
说明	永久执行对 P1 点和 P2 点的动作指令。通常情况下应避免使用无限循环指令
情况 2	有中断的无限循环（带 EXIT）

示例	LOOP
	PTP P1 Vel=100% PDAT1 Tool[1]:1 Base[1]:1
	PTP P2 Vel=100% PDAT2 Tool[1]:1 Base[1]:1
	IF $IN[1]==TRUE THEN
	EXIT
	ENDIF
	ENDLOOP

说明	一直执行对 P1 点和 P2 点的动作指令，直到输入信号 1 切换到 TRUE

2. 计数循环指令——FOR

FOR 指令是一种可以通过规定重复次数执行一个或多个指令的控制结构。循环的次数借助于一个计数变量控制，当计数变量超出某个范围时，程序停止运行。FOR 指令的详情见表 7-10。

表 7-10　FOR 指令

名称	注释
格式	FOR counter = start TO last STEP increment … ENDFOR
内容	counter：计数变量，整数 start：计数开始值 last：计数终止值 increment：步幅，即从计数开始值向终止值变化的幅度。空白则默认步幅为 +1
示例	INT i … FOR i=17 TO 21 $OUT[i] = TRUE ENDFOR
说明	将输出端 17 至 21 依次切换到 TRUE。用整数变量（INT）"i" 对一个循环语句内的循环进行计数

3. 条件循环

条件循环有 2 种：当型循环指令和直到型循环指令。

（1）当型循环指令——WHILE

WHILE 循环是一种当型或者前测试型循环，这种循环会在执行循环的指令部分前先判断循环条件是否成立。WHILE 指令的详情见表 7-11。

表 7-11　WHILE 指令

名称	注释
格式	WHILE condition … ENDWHILE
内容	condition：循环条件
示例	WHILE $IN[1]==TRUE $OUT[17]=TRUE $OUT[18]=FALSE PTP HOMEVel=100% PDAT2 Tool[1]:1 Base[1]:1 ENDWHILE
说明	仅当循环开始时就已满足执行条件（输入端 1 为 TRUE）时，循环执行输出端 17 被切换为 TRUE，输出端 18 被切换为 FALSE，并且 KUKA 机器人移至 HOME 位置

（2）直到型循环指令——REPEAT

REPEAT 循环是一种直到型或者后测试循环，这种循环会在每次执行完循环的指令部分后才会检测终止条件。REPEAT 指令的详情见表 7-12。

表 7-12　REPEAT 指令

名称	注释
格式	REPEAT … UNTIL condition
内容	condition：终止条件
示例	REPEAT $OUT[17]=TRUE $OUT[18]=FALSE PTP HOMEVel=100% PDAT2 Tool[1]:1 Base[1]:1 UNTIL $IN[1]==TRUE
说明	当输出端 17 被切换为 TRUE，而输出端 18 被切换为 FALSE，并且 KUKA 机器人移入 HOME 位置时，才会检测循环终止条件。若此时输入端 1 为 TRUE，则循环停止

7.3.2 分支指令

1. 条件分支指令——IF

条件分支（IF 语句）由一个条件和两个指令部分组成。如果满足条件，则可处理第一个指令。如果未满足条件，则执行第二个指令。IF 指令的详情见表 7-13。

表 7-13　IF 指令

名称	注释

格式	IF condition THEN
	answering
	ELSE
	…
	ENDIF

内容	condition：满足条件 answering：执行指令

示例	IF $IN[1]==TRUE THEN
	PTP P3 Vel=100% PDAT1 Tool[1]:1 Base[1]:1
	ELSE
	PTP P4 Vel=100% PDAT2 Tool[1]:1 Base[1]:1
	ENDIF

说明	如果满足条件（输入端 1 为 TRUE），则 KUKA 机器人运动到 P3 点，否则运动到 P4 点

2. 多分支结构指令——SWITCH…CASE

若需要区分多种情况（CASE）并为每种情况执行不同的操作，则可用 SWITCH…CASE 指令达到目的。SWITCH…CASE 指令的详情见表 7-14。

表 7-14　SWITCH…CASE 指令

名称	注释
格式	SWITCH… CASE… … CASE… … … DEFAULT … ENDSWITCH

名称	注释
示例	INT status … SWITCH status CASE 1 PTP P5 Vel=100% PDAT3 Tool[1]:1 Base[1]:1 CASE 2 PTP P6 Vel=100% PDAT4 Tool[1]:1 Base[1]:1 DEFAULT PTP HOME Vel=100% PDAT4 Tool[1]:1 Base[1]:1 ENDSWITCH
说明	检查整数变量 status，如果其值为 1，则执行情况 1（CASE1）：KUKA 机器人运动到 P5 点；如果其值为 2，则执行情况 2（CASE2）：KUKA 机器人运动到 P6 点；如果变量的值未在任何情况中列出（在该例中为 1 和 2 以外的值），则将执行默认情况：KUKA 机器人运动到 HOME 位置

思考题

一、填空题

1. KUKA 机器人常用的运动方式有 4 类：＿＿＿＿＿＿＿＿＿＿、＿＿＿＿＿＿＿＿＿＿、
＿＿＿＿＿＿＿＿＿＿和＿＿＿＿＿＿＿＿＿＿。

2. KUKA 机器人常用的逻辑指令有：＿＿＿＿＿＿＿＿＿＿、＿＿＿＿＿＿＿＿＿＿、
＿＿＿＿＿＿＿＿＿＿和＿＿＿＿＿＿＿＿＿＿。

二、简答题

1. KUKA 机器人基本动作指令的格式是什么？
2. 简述等待指令的作用。
3. KUKA 机器人常用逻辑指令有哪些？其格式分别是什么？
4. KUKA 机器人常用流程控制指令有哪些？其格式分别是什么？

第8章
KUKA 机器人编程基础

本章介绍 KUKA 机器人的编程基础知识以及常用指令，通过本章学习，让读者能够掌握 KUKA 机器人的基础编程知识，并具备一定的编程能力。

微课视频

机器人
编程基础

8.1 资源管理器

KUKA 机器人操作系统使用的是 Windows 系统，直观、高效地面向对象的图形用户界面，支持多任务操作等。

资源管理器是一项系统服务，负责管理数据库、持续消息队列或事务性文件系统中的持久性或持续性数据。它可存储数据并执行故障恢复，使项目资源更好地整合利用。

KUKA 机器人操作系统的资源管理器导航器界面如图 8-1 所示。

资源管理器说明如下。

① 标题行：左侧显示选定的过滤器，右侧显示在目录结构中标记的目录或驱动器。

② 目录结构：目录和驱动概况。显示哪个目录和驱动器，取决于用户组和配置用来区别存储在控制器内的存储器中的几个程序，在相同控制器内不能创建相同名称的程序。

③ 文件列表：显示在目录结构中标记的目录或驱动器的内容。所显示的程序格式取决于选择的过滤器。

④ 状态行：可显示信息包括标记的对象、正在运行的动作、用户对话、对用户的输入要求、安全提示。

⑤ 按键栏：显示各子菜单的任务，如新、选定、备份、存档、删除、打开、编辑等。

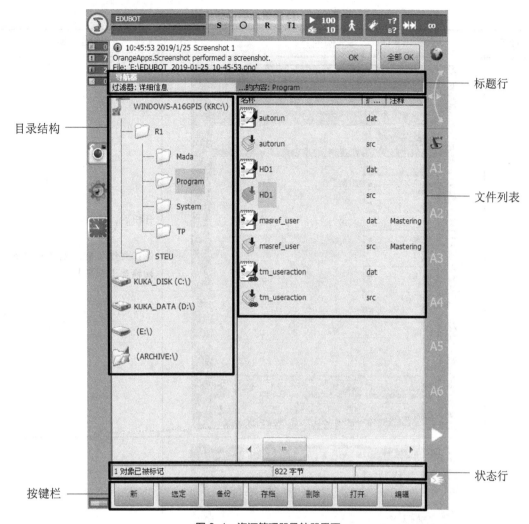

图 8-1 资源管理器导航器界面

具有按键栏功能如下。

- 新：在对应文件夹中新建例行程序名称。
- 选定：选择用户要执行的程序名称。
- 备份：将完成的程序备份在当前文件中并显示。
- 存档：将程序文件保存在 USB 和网络。
- 删除：删除所创建的程序名称。
- 打开：可打开文件、程序等。
- 编辑：对程序复制、剪切、添加、新（新建）、改名、程序复位、取消选择程序等。

资源管理器操作步骤见表 8-1。

表 8-1　资源管理器操作步骤

序号	示例图片	操作步骤
1	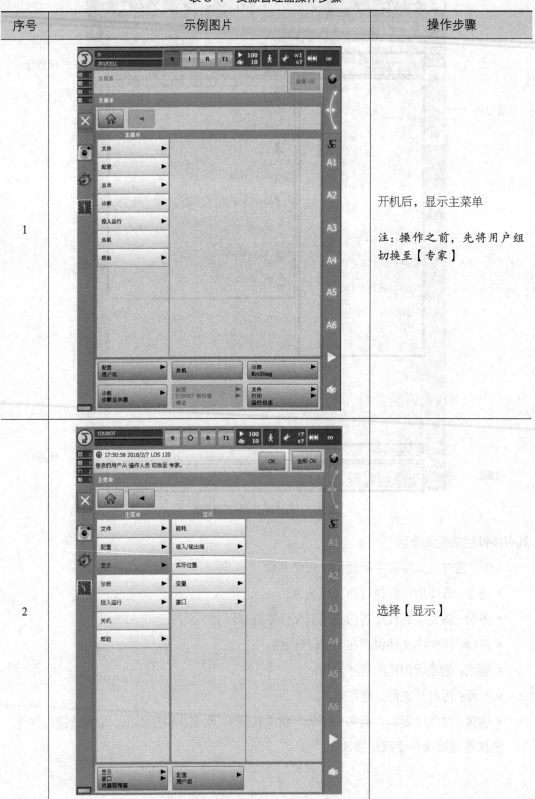	开机后，显示主菜单 注：操作之前，先将用户组切换至【专家】
2		选择【显示】

续表

序号	示例图片	操作步骤
3	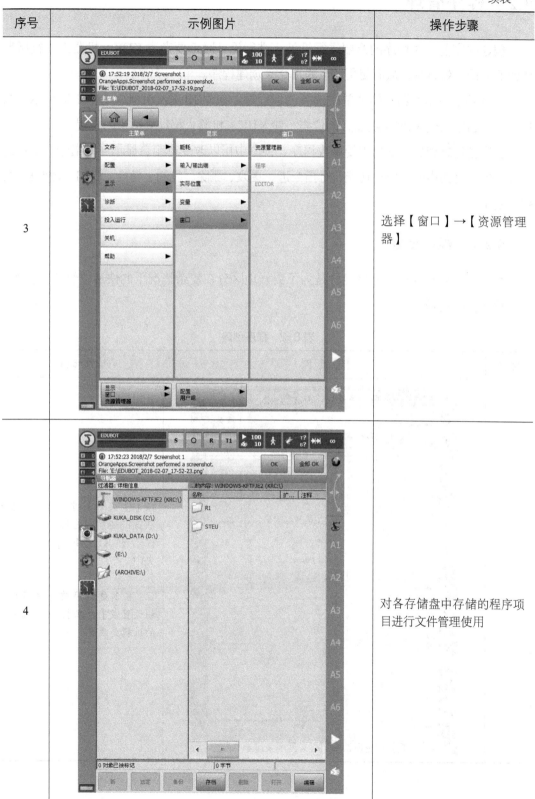	选择【窗口】→【资源管理器】
4		对各存储盘中存储的程序项目进行文件管理使用

8.2　程序管理

创建程序前，对程序的概要进行设计。进行设计时，要考虑KUKA机器人执行所期望作业的最有效方法，从而使用适当的指令来创建程序。

通过显示在示教器上的菜单栏选择创建程序。在对KUKA机器人的位置进行示教的情况下，通过改变KUKA机器人的位姿，使KUKA机器人移动到适当的位置。

程序创建结束后，根据需要修改程序、视图中可以改变行距、显示详细指令。也可通过程序编辑画面中的菜单栏功能，对指令进行更改、删除、复制、替换、添加、替换打印、程序复位等。

8.2.1　程序创建

在指定文件夹中创建程序名称是为了更好地区分在复杂情况下的快速分辨用户指令。创建程序步骤见表8-2。

表8-2　程序创建

序号	图片示例	操作步骤
1	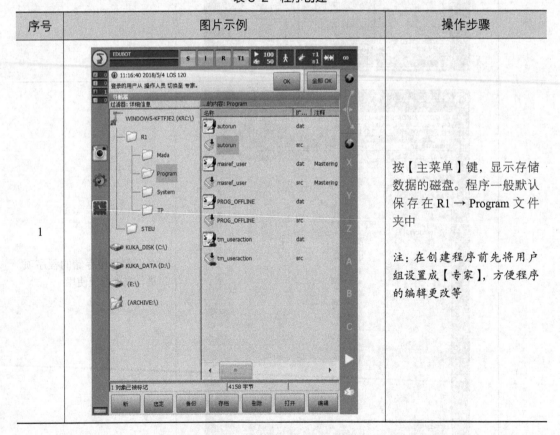	按【主菜单】键，显示存储数据的磁盘。程序一般默认保存在 R1 → Program 文件夹中 注：在创建程序前先将用户组设置成【专家】，方便程序的编辑更改等

续表

序号	图片示例	操作步骤
2	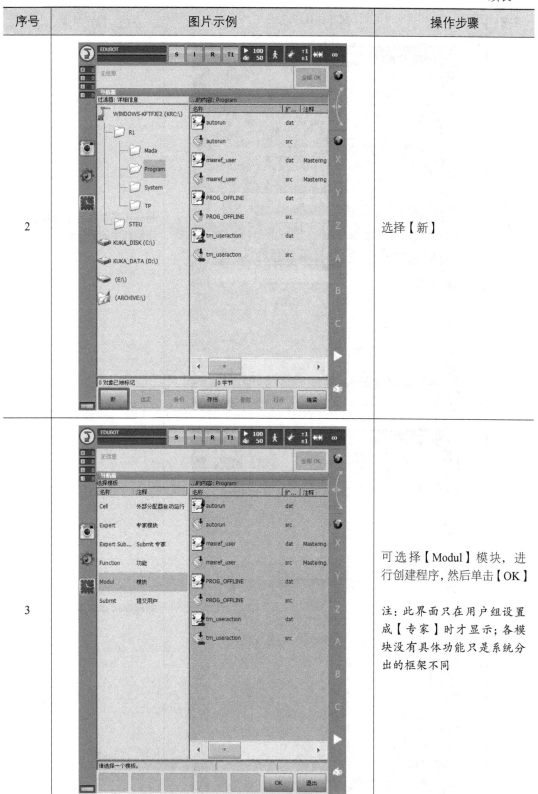	选择【新】
3		可选择【Modul】模块，进行创建程序，然后单击【OK】 注：此界面只在用户组设置成【专家】时才显示；各模块没有具体功能只是系统分出的框架不同

续表

序号	图片示例	操作步骤
4	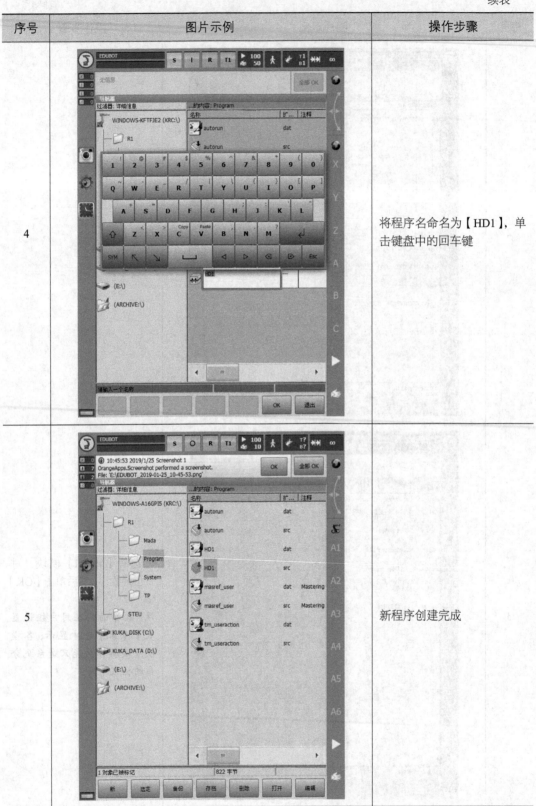	将程序名命名为【HD1】，单击键盘中的回车键
5		新程序创建完成

8.2.2 程序编辑

在完成程序创建后，可以对程序进行编辑。程序编辑界面如图 8-2 所示。

程序编辑包括：新、打开、全选、剪切、复制、添加、删除、备份、存档、打印、改名、属性、过滤器、选择、取消选择程序、程序复位。

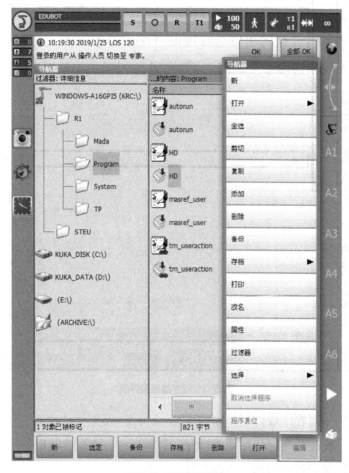

图 8-2　程序编辑界面

8.3　程序编辑器

KUKA 机器人系统的程序编辑器界面如图 8-3 所示。

KUKA 机器人程序在声明部分必须声明变量，初始化部分从第 1 赋值开始，但通常都是从 INI 行开始，至 END 结束。

程序编辑器界面说明如下。

① 程序名称：显示该程序具体名称。

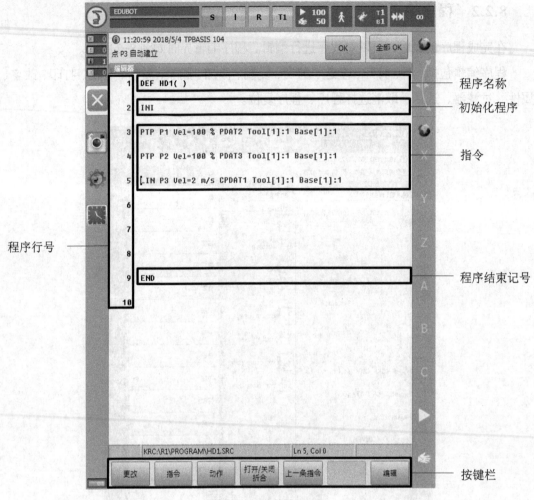

图 8-3　程序编辑器界面

② 初始化程序：对程序进行初始化。

③ 指令：显示程序指令，包括动作指令、逻辑指令、流程控制指令等。

④ 程序行号：显示程序中指令所在行数。

⑤ 程序结束记号：程序结束标记，表示本指令后面没有程序指令。

⑥ 按键栏：包含对程序进行更改指令、添加指令、详解、编辑等功能。

8.3.1　指令更改

KUKA 机器人程序的修改比较人性化，可以对动作方式、工具、基坐标、转角度、速度、运动数据组名称等进行改写或定义。指令更改具体步骤见表 8-3。

表8-3　指令更改

序号	图片示例	操作步骤
1	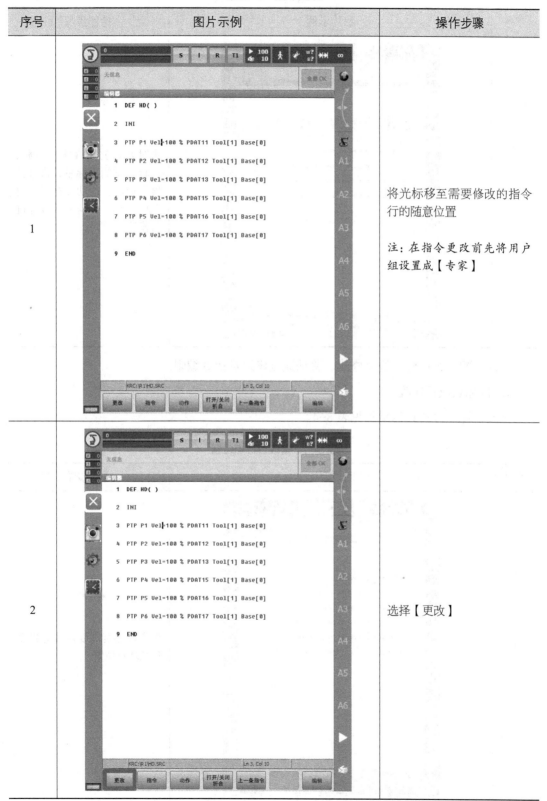	将光标移至需要修改的指令行的随意位置 注：在指令更改前先将用户组设置成【专家】
2		选择【更改】

序号	图片示例	操作步骤
3	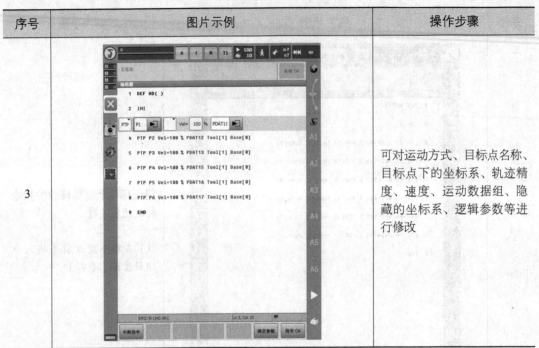	可对运动方式、目标点名称、目标点下的坐标系、轨迹精度、速度、运动数据组、隐藏的坐标系、逻辑参数等进行修改

下面主要介绍目标点位置修改、移动速度修改及指令编辑。

1. 目标点位置修改

修改目标点位置具体步骤见表8-4。

表8-4　修改目标点位置

序号	图片示例	操作步骤
1	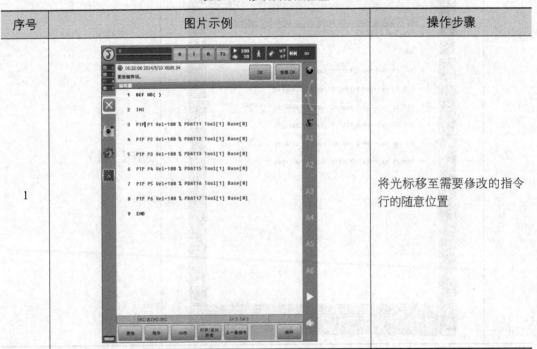	将光标移至需要修改的指令行的随意位置

续表

序号	图片示例	操作步骤
2	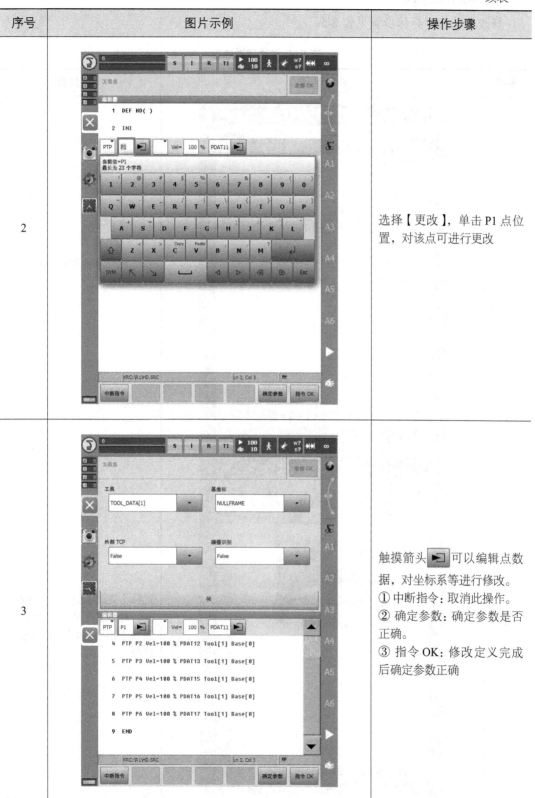	选择【更改】，单击 P1 点位置，对该点可进行更改
3		触摸箭头 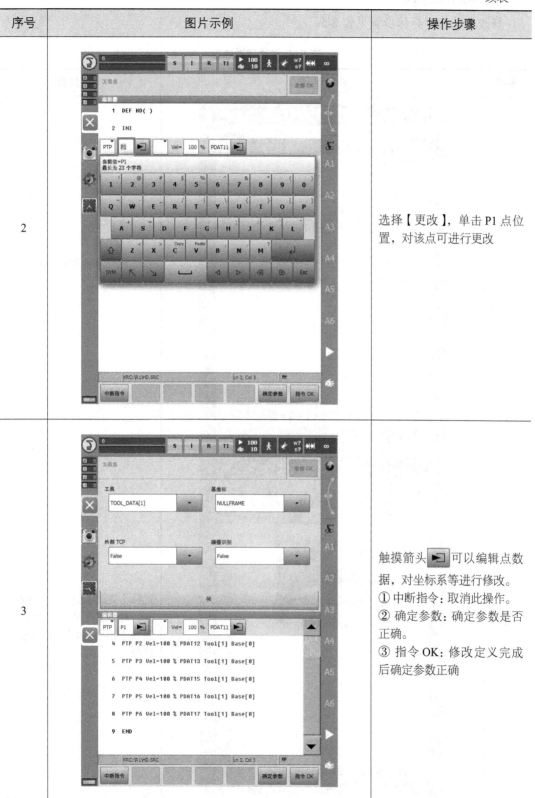 可以编辑点数据，对坐标系等进行修改。 ① 中断指令：取消此操作。 ② 确定参数：确定参数是否正确。 ③ 指令 OK：修改定义完成后确定参数正确

2. 移动速度修改

修改移动速度具体步骤见表8-5。

表 8-5 修改移动速度

序号	图片示例	操作步骤
1	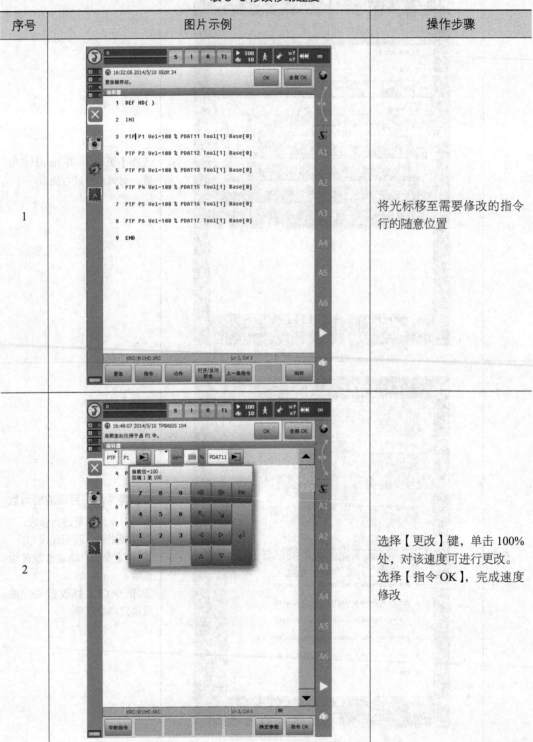	将光标移至需要修改的指令行的随意位置
2		选择【更改】键，单击 100% 处，对该速度可进行更改。选择【指令 OK】，完成速度修改

3. 指令编辑

指令编辑界面如图 8-4 所示。

图 8-4 指令编辑

指令编辑中各功能见表 8-6。

表 8-6 指令编辑各功能

名称	注释	名称	注释
FOLD	将程序进行详细的解释	替换	替换程序
清楚数据列表	将程序中指令转换成系统标准用语	选中区域	将选中范围中程序标记
剪切	剪切程序	标记的区域	选择标记的程序可以对其偏移、点位信息等
复制	复制程序	视图	包含详细显示、换行、小行间距、DEF 行
添加	将复制的程序添加到程序行（目标点名称发生改变）	取消选择程序	取消被选中的程序

续表

名称	注释	名称	注释
删除	将选中的程序删除	程序复位	将程序光标复位到程序的第一行
打印	将程序在本地打印	导航器	返回文件夹
查找	快速搜索在程序里任何存在的信息		

8.3.2　指令编写

创建程序后，动作指令和逻辑指令可在指令菜单中直接调用，而其他指令需要用户自行输入，如程序的判断、循环和分支、调用等指令。

本章以 IF 循环指令为例，其编写操作步骤见表 8-7。该操作步骤适用于其他指令。

表 8-7　指令编写

序号	图片示例	操作步骤
1	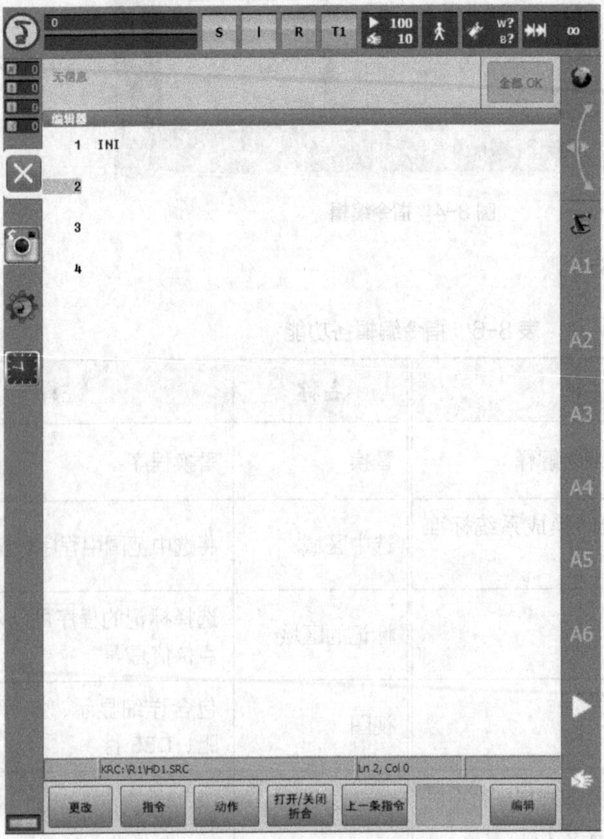	将光标移至目标程序行

续表

序号	图片示例	操作步骤
2	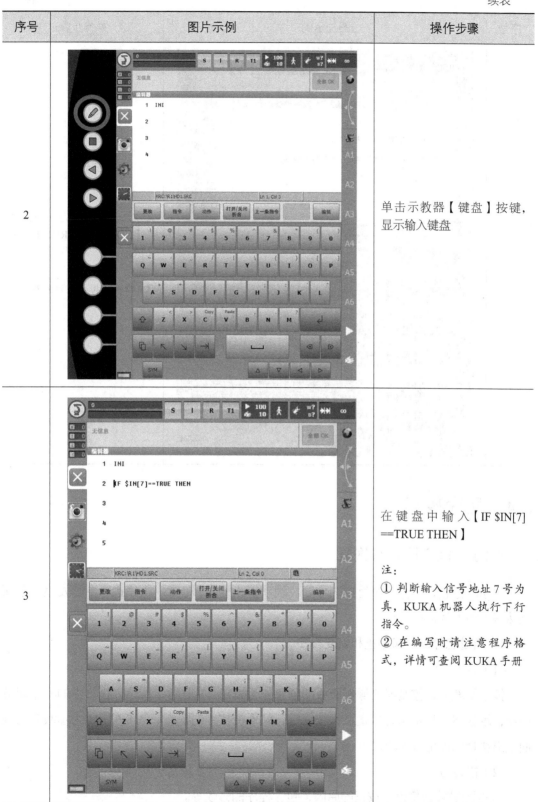	单击示教器【键盘】按键,显示输入键盘
3		在键盘中输入【IF $IN[7]==TRUE THEN】 注: ① 判断输入信号地址7号为真,KUKA机器人执行下行指令。 ② 在编写时请注意程序格式,详情可查阅KUKA手册

续表

序号	图片示例	操作步骤
4	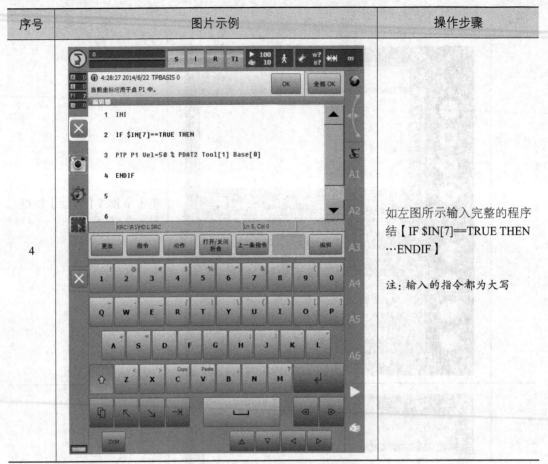	如左图所示输入完整的程序结【IF $IN[7]==TRUE THEN …ENDIF】 注：输入的指令都为大写

8.4 程序执行

8.4.1 程序停止与恢复

程序的停止，即停止执行中的程序。程序停止的原因包括：程序执行中因发生报警而偶然停止和人为停止。

1. 通过急停操作来停止和恢复程序

（1）急停方法

按下示教器、控制器或操作面板的紧急停止按钮，如图 8-5 所示，执行中的程序即被中断，示教器上显示紧急停止按钮被锁定，处于被按住的状态。图 8-6 所示为示教器的画面上出现紧急停止报警的显示。

（2）恢复方法

①排除导致紧急停止按钮的原因，包含程序的修改等。

②顺时针旋转紧急停止按钮，解除按钮的锁定。

③按下示教器（或操作面板）的状态显示栏中的报警信息确认，消除报警显示。

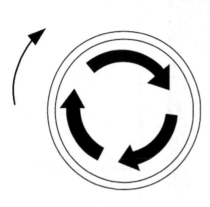

图8-5 紧急停止按钮

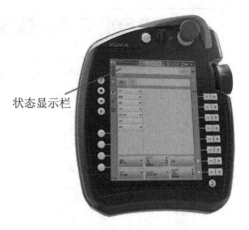

状态显示栏

图8-6 报警显示

2. 通过停止键来停止和启动程序

（1）停止程序方法

按下示教器【停止】键，执行中的程序即被中断。

（2）启动程序方法

①选择【启动】键即可正向启动程序。

②选择【逆向启动】键即可逆方向执行程序。

8.4.2 程序运行

程序运行是指再现所示教的程序。通过程序的自动运行，由外部设备I/O输入自动启动程序，使生产线自动运转。也可通过KUKA机器人自动运行，不需要外部信号输入完成启动。

KUKA机器人示教器启动自动运行的具体步骤见表8-8，其前提条件如下。

①将【用户组】设置成【专家】。

②KUKA机器人处在遥控状态。

③KUKA机器人处在动作允许状态。

④KUKA机器人作业空间内没有人，没有障碍物。

表 8-8　示教器启动自动运行步骤

序号	图片示例	操作步骤
1	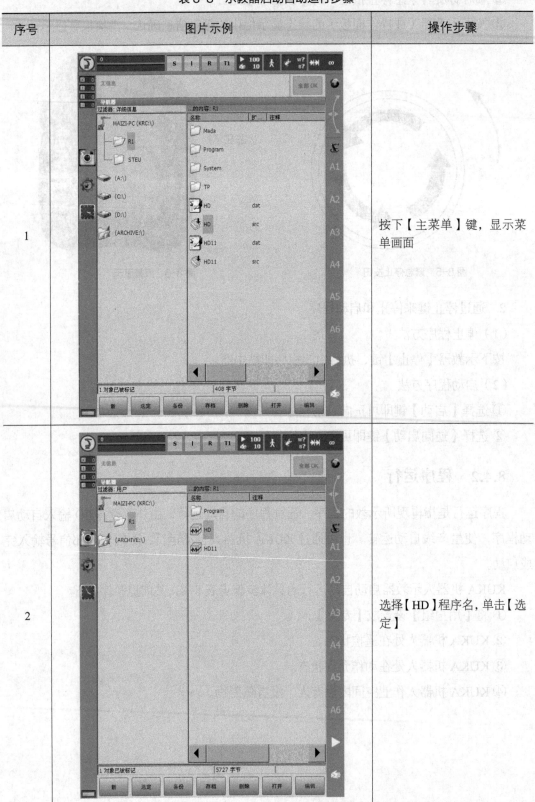	按下【主菜单】键，显示菜单画面
2		选择【HD】程序名，单击【选定】

续表

序号	图片示例	操作步骤
3	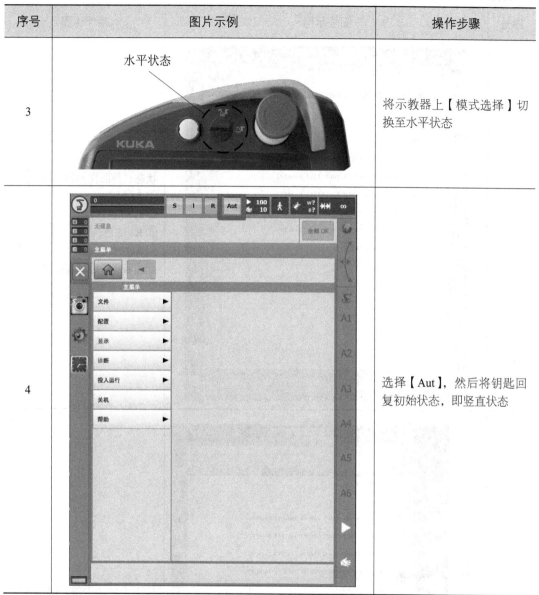	将示教器上【模式选择】切换至水平状态
4		选择【Aut】，然后将钥匙回复初始状态，即竖直状态

续表

序号	图片示例	操作步骤
5	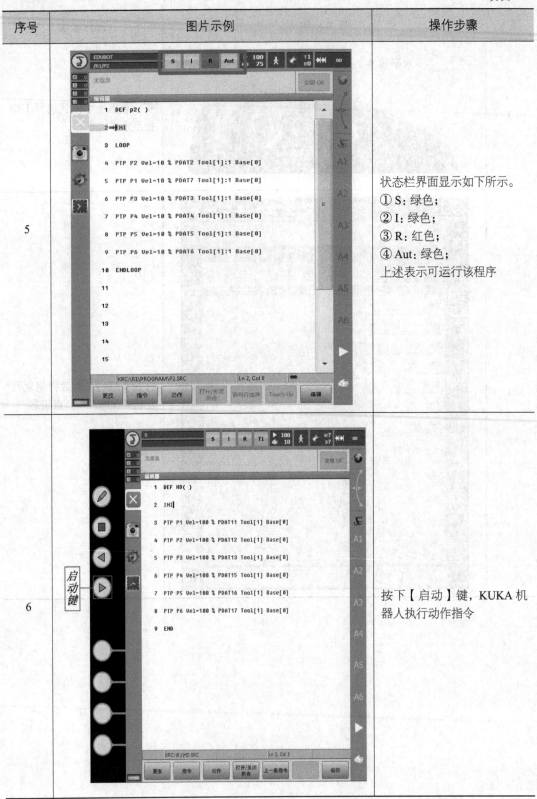	状态栏界面显示如下所示。 ①S：绿色； ②I：绿色； ③R：红色； ④Aut：绿色； 上述表示可运行该程序
6		按下【启动】键，KUKA机器人执行动作指令

思考题

一、填空题

1. 在创建程序前先将用户组设置成_____，方便程序的编辑更改等。

2. KUKA 机器人示教器启动自动运行的前提条件有：_____、
_____、_____和_____。

二、简答题

1. 如何创建 KUKA 机器人运行程序?

2. 如何示教已完成的程序?

3. 如何复制程序?

4. 简述指令编辑内容。

5. 简述外部执行程序过程。

CHAPTER9

第9章
编程实例

本章以 HRG-HD1XKA 型工业机器人技能考核实训台（专业版）来学习基本编程与操作【同样适用于 HRG-HD1XKB 型工业机器人技能考核实训台（标准版）】。本实训台包括基础模块、激光雕刻模块、工件焊接模块、搬运模块和异步输送带模块，如图 9-1 所示，模拟工业生产基本应用。

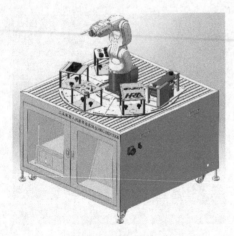

（a）HRG-HD1XKB 型
工业机器人技能考核实训台（标准版）

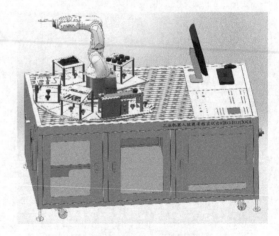

（b）HRG-HD1XKA 型
工业机器人技能考核实训台（专业版）

图 9-1　工业机器人技能考核实训台

本章编程实例以基础模块、搬运模块、异步输送带模块为例，如图 9-2 所示，具体学习 KUKA 机器人做直线运动、圆弧运动、曲线运动、物料搬运、异步输送带物料检测的编程技巧。

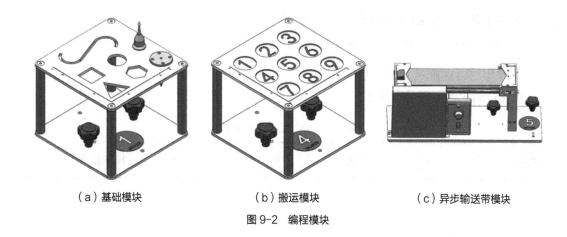

（a）基础模块　　　　　　　　（b）搬运模块　　　　　　　（c）异步输送带模块

图9-2　编程模块

9.1　直线运动实例

本实例使用基础模块，以模块中的四边形为例，演示 KUKA 机器人的直线运动。

路径规划：初始点 P1 →过渡点 P2 →第一点 P3 →第二点 P4 →第三点 P5 →第四点 P6 →第一点→ P3 →过渡点 P2 →初始点 P1，如图 9-3 所示。

微课视频

直线运动

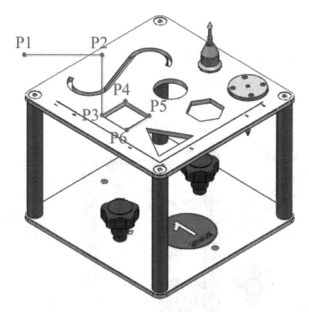

图9-3　直线运动路径规划

编程前需完成的步骤如下。

① 将基础教学模块安装实训台上。

②将工具安装在 KUKA 机器人法兰盘末端。

③KUKA 机器人示教器钥匙开关选择 T1 模式。

④将用户组设置成【专家】模式。

直线运动实例步骤见表 9-1。

表 9-1　直线运动实例步骤

序号	图片示例	操作步骤
1	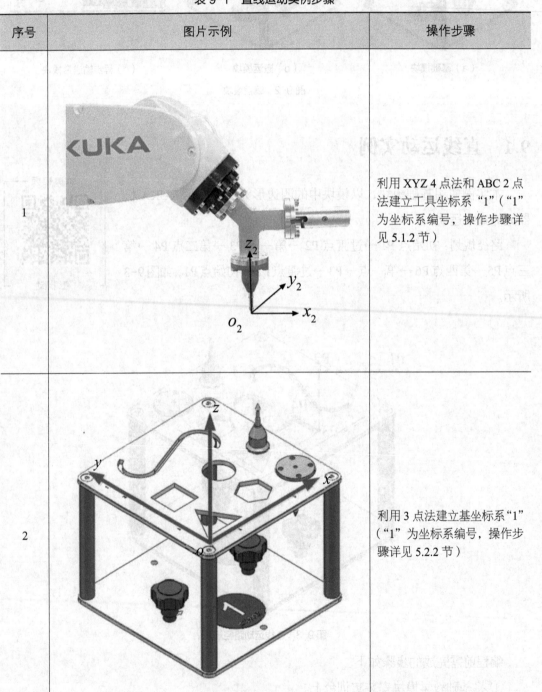	利用 XYZ 4 点法和 ABC 2 点法建立工具坐标系 "1"（"1" 为坐标系编号，操作步骤详见 5.1.2 节）
2		利用 3 点法建立基坐标系 "1"（"1" 为坐标系编号，操作步骤详见 5.2.2 节）

续表

序号	图片示例	操作步骤
3	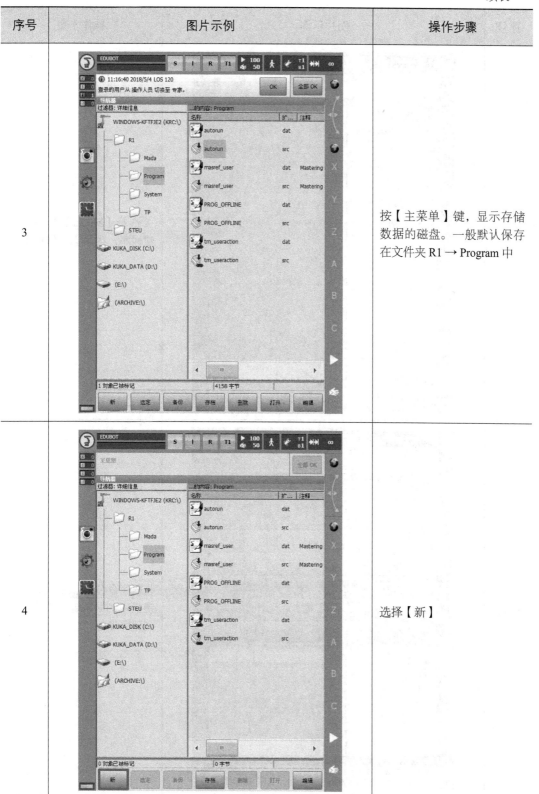	按【主菜单】键，显示存储数据的磁盘。一般默认保存在文件夹 R1 → Program 中
4		选择【新】

续表

序号	图片示例	操作步骤
5	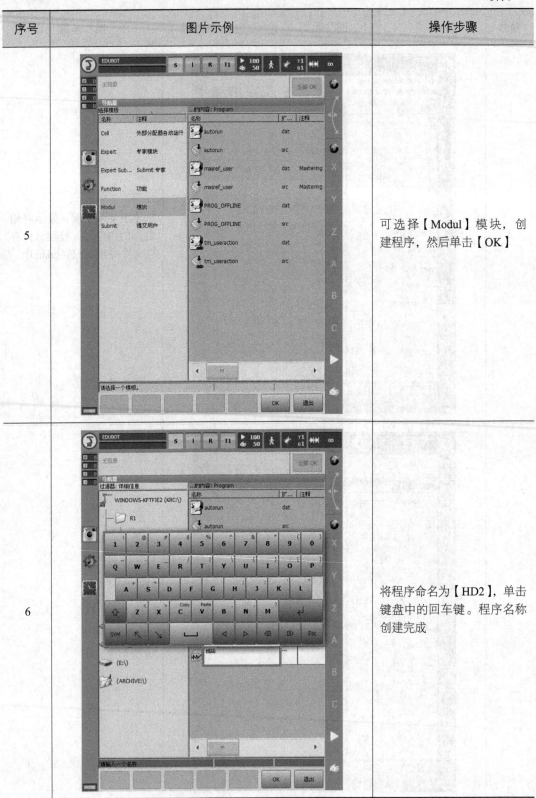	可选择【Modul】模块，创建程序，然后单击【OK】
6		将程序命名为【HD2】，单击键盘中的回车键。程序名称创建完成

续表

序号	图片示例	操作步骤
7	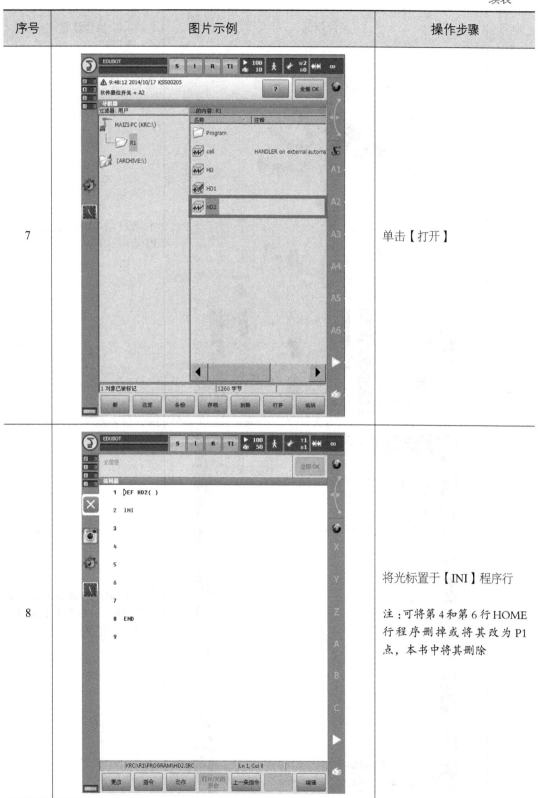	单击【打开】
8		将光标置于【INI】程序行 注：可将第4和第6行HOME行程序删掉或将其改为P1点，本书中将其删除

续表

序号	图片示例	操作步骤
9	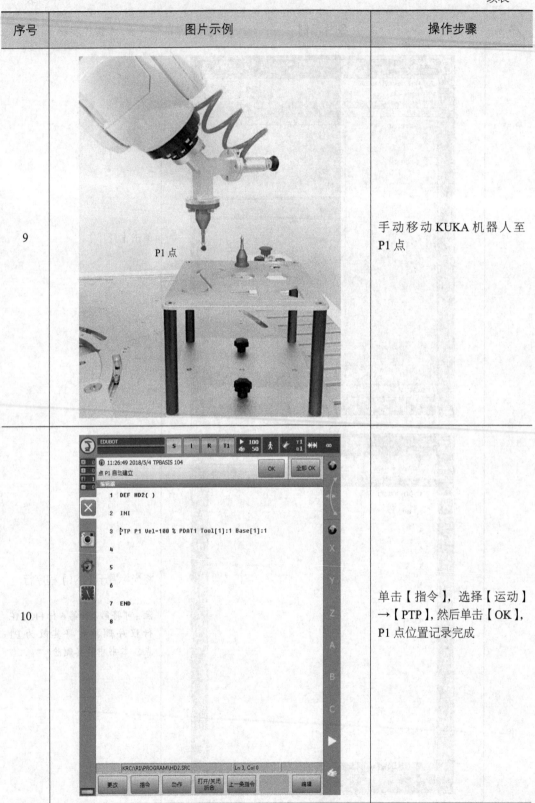	手动移动 KUKA 机器人至 P1 点
10		单击【指令】，选择【运动】→【PTP】，然后单击【OK】，P1 点位置记录完成

续表

序号	图片示例	操作步骤
11	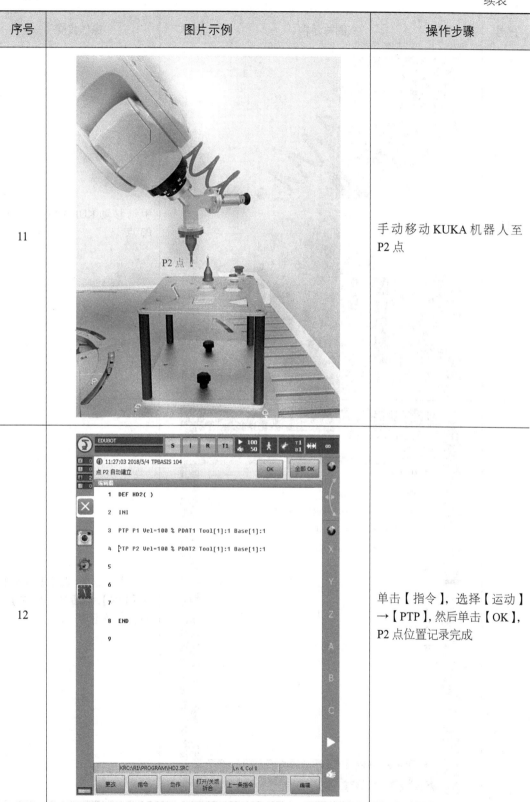	手动移动 KUKA 机器人至 P2 点
12		单击【指令】,选择【运动】→【PTP】,然后单击【OK】,P2 点位置记录完成

续表

序号	图片示例	操作步骤
13	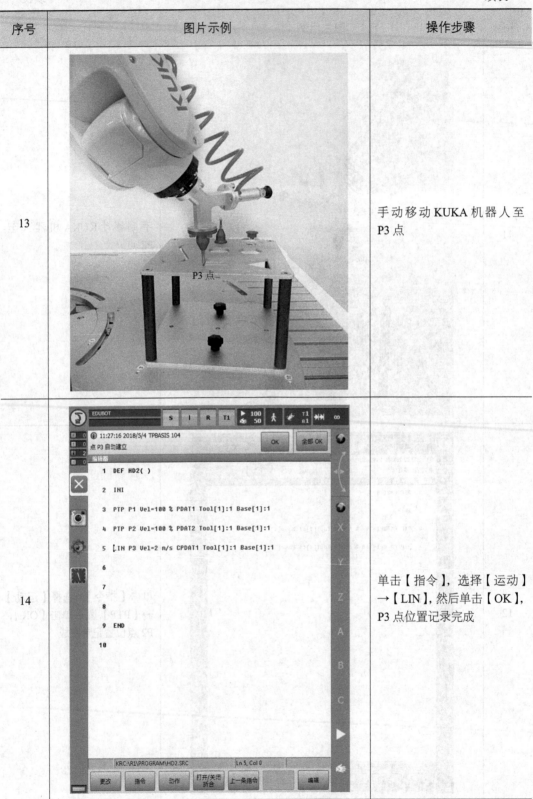	手动移动 KUKA 机器人至 P3 点
14		单击【指令】，选择【运动】→【LIN】，然后单击【OK】，P3 点位置记录完成

续表

序号	图片示例	操作步骤
15	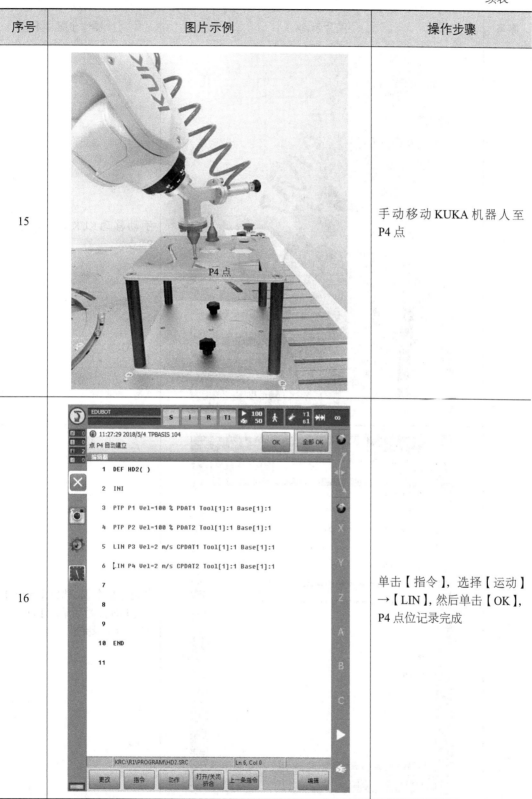	手动移动 KUKA 机器人至 P4 点
16		单击【指令】，选择【运动】→【LIN】，然后单击【OK】，P4 点位记录完成

序号	图片示例	操作步骤
17	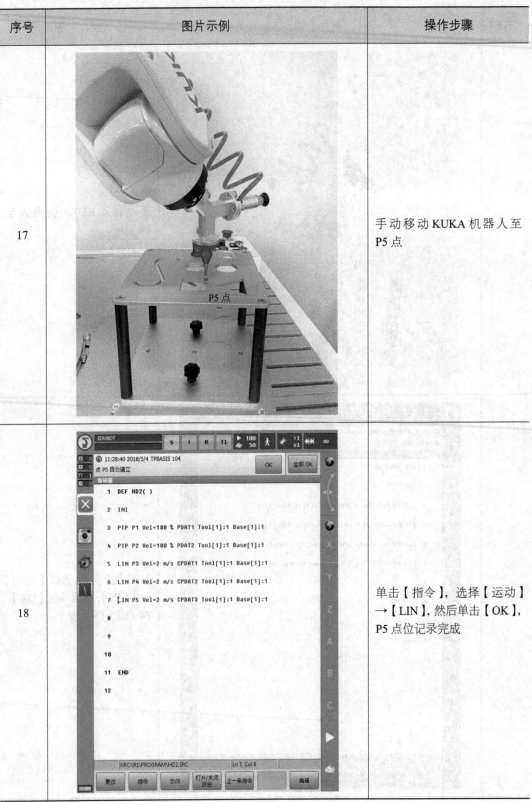	手动移动 KUKA 机器人至 P5 点
18		单击【指令】，选择【运动】→【LIN】，然后单击【OK】，P5 点位记录完成

续表

序号	图片示例	操作步骤
19	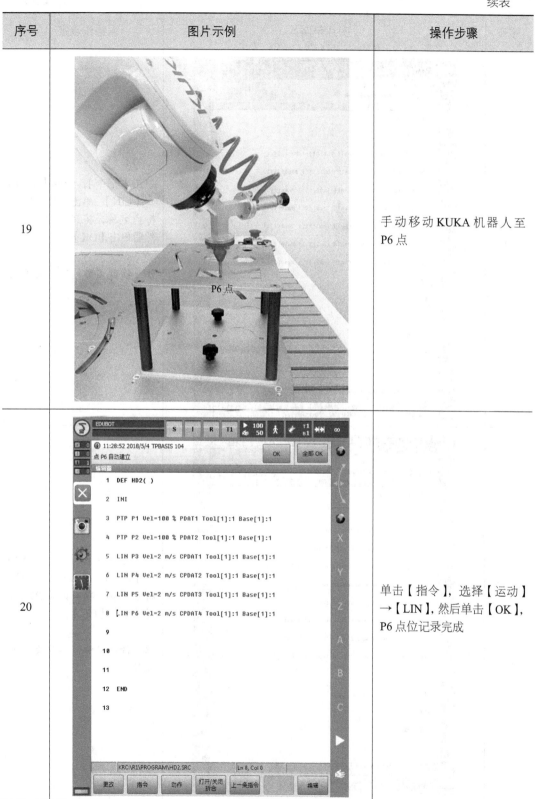	手动移动 KUKA 机器人至 P6 点
20		单击【指令】，选择【运动】→【LIN】，然后单击【OK】，P6 点位记录完成

续表

序号	图片示例	操作步骤
21	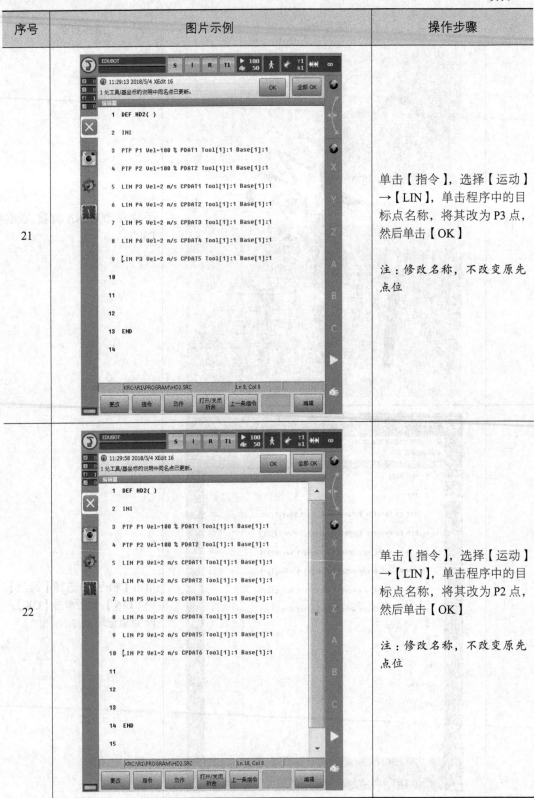	单击【指令】，选择【运动】→【LIN】，单击程序中的目标点名称，将其改为 P3 点，然后单击【OK】 注：修改名称，不改变原先点位
22		单击【指令】，选择【运动】→【LIN】，单击程序中的目标点名称，将其改为 P2 点，然后单击【OK】 注：修改名称，不改变原先点位

续表

序号	图片示例	操作步骤
23	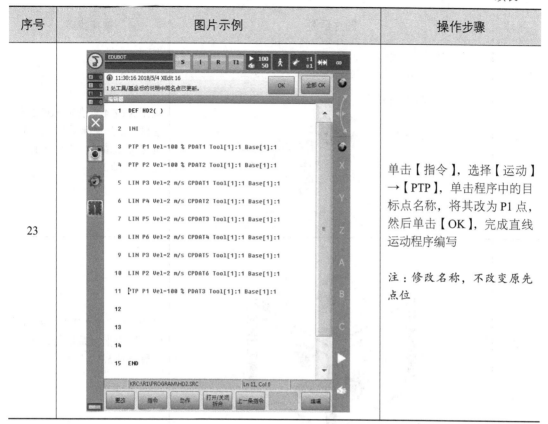	单击【指令】，选择【运动】→【PTP】，单击程序中的目标点名称，将其改为 P1 点，然后单击【OK】，完成直线运动程序编写 注：修改名称，不改变原先点位

9.2 圆弧运动实例

本实例使用基础模块，以模块中的圆形为例，演示 KUKA 机器人的圆弧运动。

路径规划：初始点 P1 →过渡点 P2 →第一点 P3 →第二点 P4 →第三点 P5 →第四点 P6 →第一点 P3 →过渡点 P2 →初始点 P1，如图 9-4 所示。

编程前需完成以下步骤。

① 将基础教学模块安装实训台上。

② 将工具安装在 KUKA 机器人法兰盘末端。

③ KUKA 机器人示教器钥匙开关选择 T1 模式。

④ 将用户组设置成【专家】模式。

圆弧运动实例步骤见表 9-2。

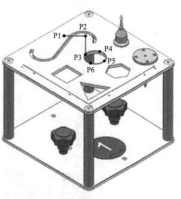

图 9-4 基础模块圆弧运动路径规划

表 9-2　圆弧运动实例步骤

序号	图片示例	操作步骤
1		利用 XYZ 4 点法和 ABC 2 点法建立工具坐标系 "1"（"1" 为坐标系编号，操作步骤详见 5.1.2 节）
2		利用 3 点法建立基坐标系 "1"（"1" 为坐标系编号，操作步骤详见 5.2.2 节）
3		按【主菜单】键，显示存储数据的磁盘。一般默认保存在文件夹 R1 → Program 中

续表

序号	图片示例	操作步骤
4	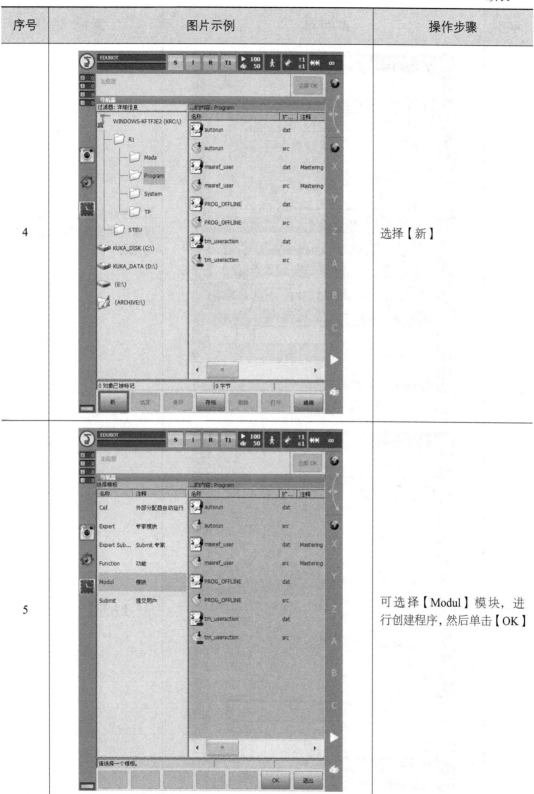	选择【新】
5		可选择【Modul】模块，进行创建程序，然后单击【OK】

序号	图片示例	操作步骤
6	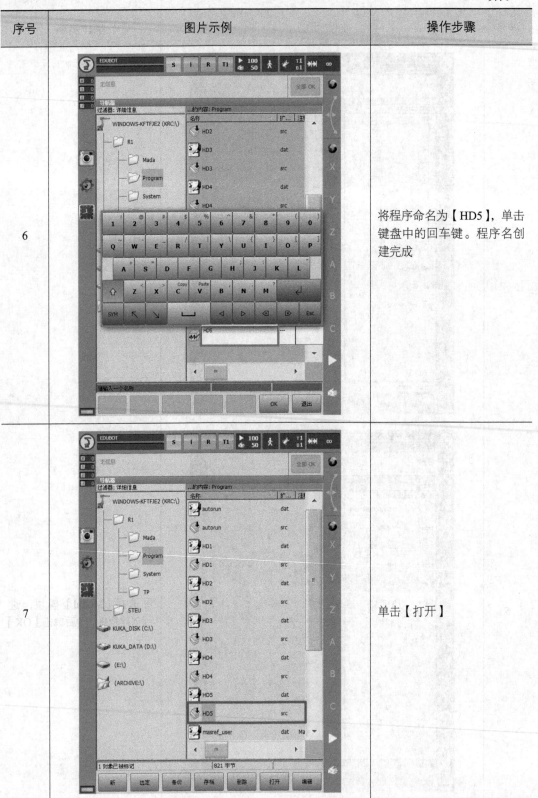	将程序命名为【HD5】，单击键盘中的回车键。程序名创建完成
7		单击【打开】

续表

序号	图片示例	操作步骤
8	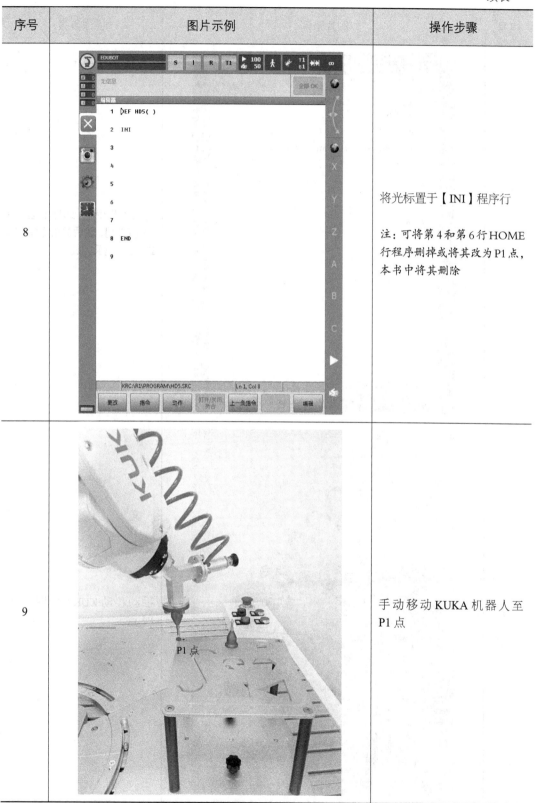	将光标置于【INI】程序行 注：可将第4和第6行HOME行程序删掉或将其改为P1点，本书中将其删除
9	手动移动KUKA机器人至P1点

续表

序号	图片示例	操作步骤
10	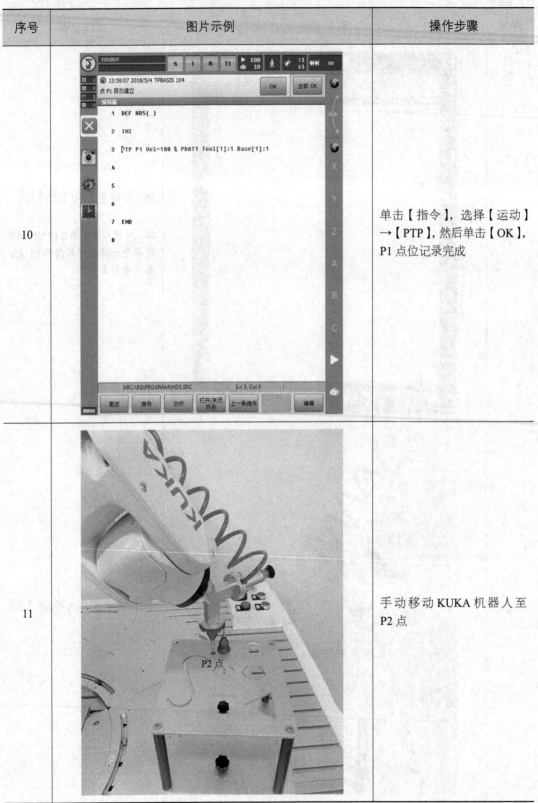	单击【指令】，选择【运动】→【PTP】，然后单击【OK】，P1 点位记录完成
11		手动移动 KUKA 机器人至 P2 点

续表

序号	图片示例	操作步骤
12	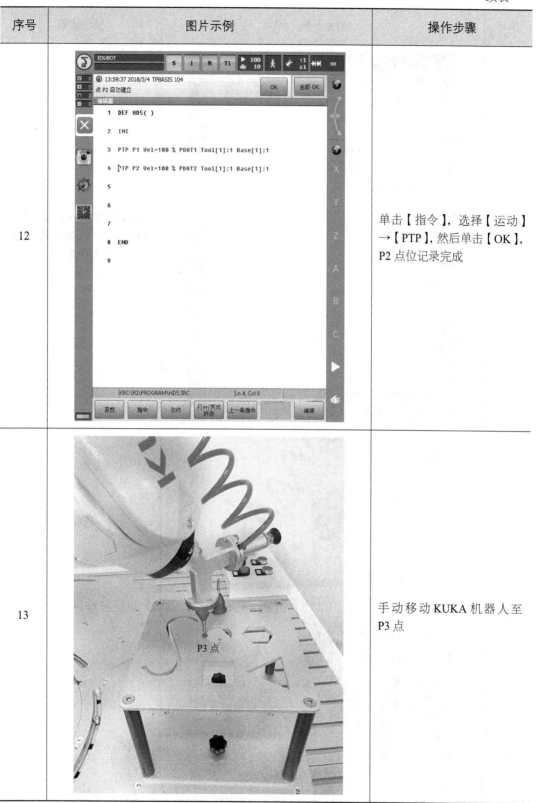	单击【指令】，选择【运动】→【PTP】，然后单击【OK】，P2 点位记录完成
13		手动移动 KUKA 机器人至 P3 点

序号	图片示例	操作步骤
14	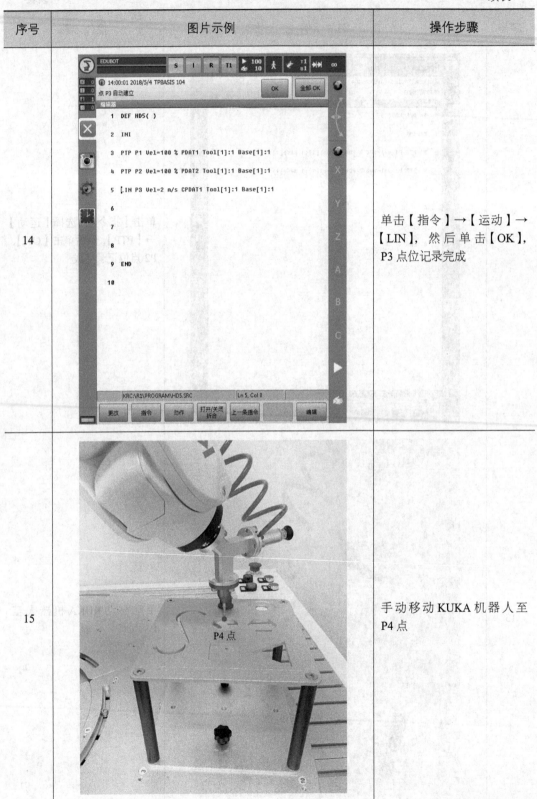	单击【指令】→【运动】→【LIN】，然后单击【OK】，P3 点位记录完成
15		手动移动 KUKA 机器人至 P4 点

续表

序号	图片示例	操作步骤
16	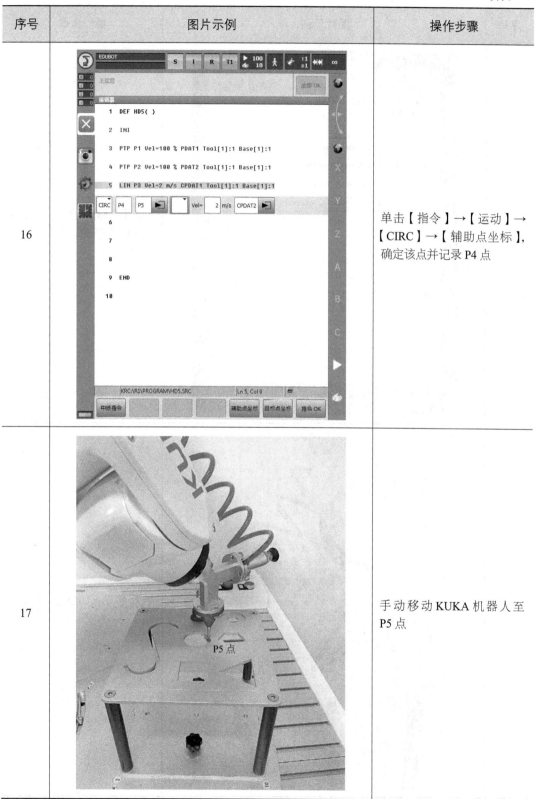	单击【指令】→【运动】→【CIRC】→【辅助点坐标】,确定该点并记录 P4 点
17		手动移动 KUKA 机器人至 P5 点

序号	图片示例	操作步骤
18	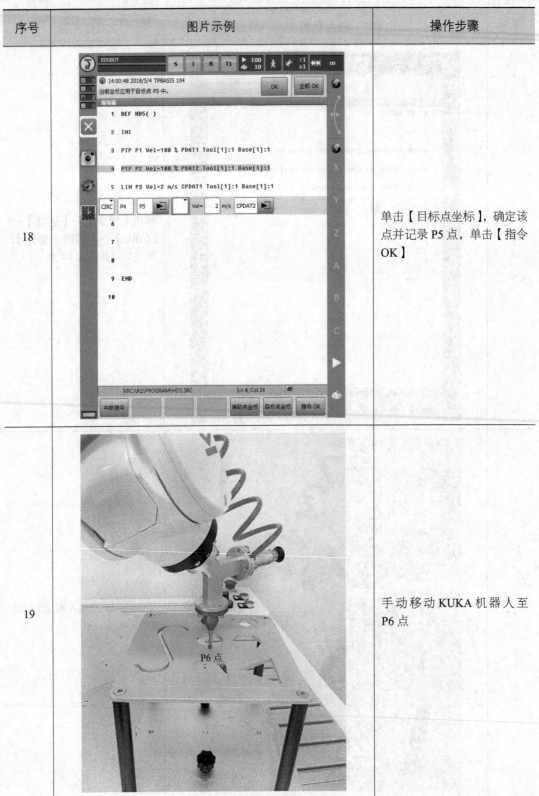	单击【目标点坐标】，确定该点并记录 P5 点，单击【指令 OK】
19		手动移动 KUKA 机器人至 P6 点

续表

序号	图片示例	操作步骤
20	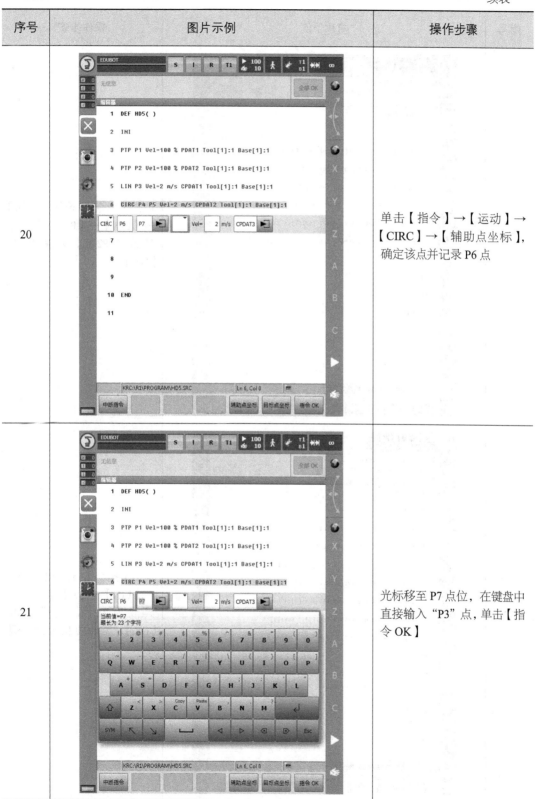	单击【指令】→【运动】→【CIRC】→【辅助点坐标】，确定该点并记录 P6 点
21		光标移至 P7 点位，在键盘中直接输入"P3"点，单击【指令 OK】

序号	图片示例	操作步骤
22	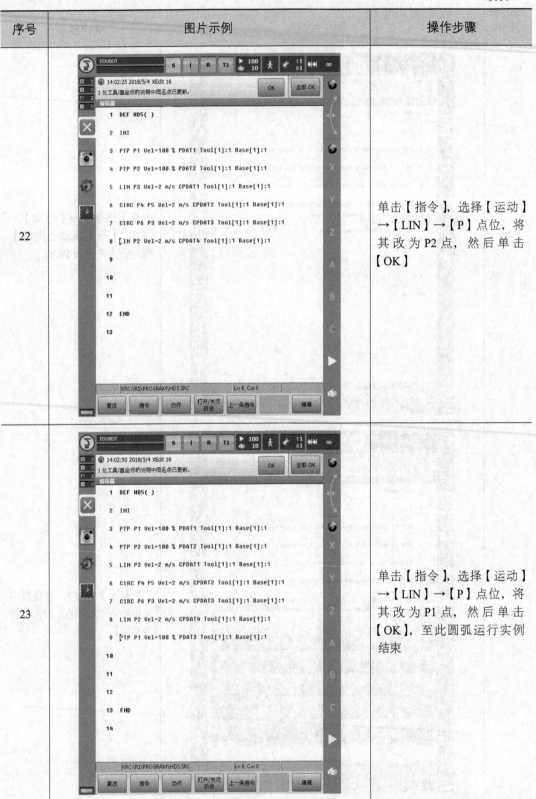	单击【指令】，选择【运动】→【LIN】→【P】点位，将其改为P2点，然后单击【OK】
23		单击【指令】，选择【运动】→【LIN】→【P】点位，将其改为P1点，然后单击【OK】，至此圆弧运行实例结束

9.3 曲线运动实例

微课视频

曲线运动

曲线可以看作是由 N 段小圆弧或直线组成的，所以可以用 N 个圆弧指令或直线指令完成曲线运动，下面为大家介绍曲线运动实例，该实例的曲线路径由两段圆弧和一条直线构成。

路径规划：初始点 P1 →过渡点 P2 →第一点 P3 →第二点 P4 →第三点 P5 →第四点 P6 →第五点 P7 →第六点 P8 →过渡点 P9，如图 9-5 所示。

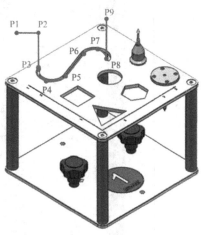

编程前需完成以下步骤。

① 将基础教学模块安装实训台上。

② 将工具安装在 KUKA 机器人法兰盘末端。

③ KUKA 机器人示教器钥匙开关选择 T1 模式。

④ 将用户组设置成【专家】模式。

曲线运动实例步骤见表 9-3。

图 9-5 基础模块曲线运动路径规划

表 9-3 曲线运动实例步骤

序号	图片示例	操作步骤
1		利用 XYZ 4 点法和 ABC 2 点法建立工具坐标系 "1"（"1" 为坐标系编号，操作步骤详见 5.1.2 节）
2		利用 3 点法建立基坐标系 "1"（"1" 为坐标系编号，操作步骤详见 5.2.2 节）

序号	图片示例	操作步骤
3	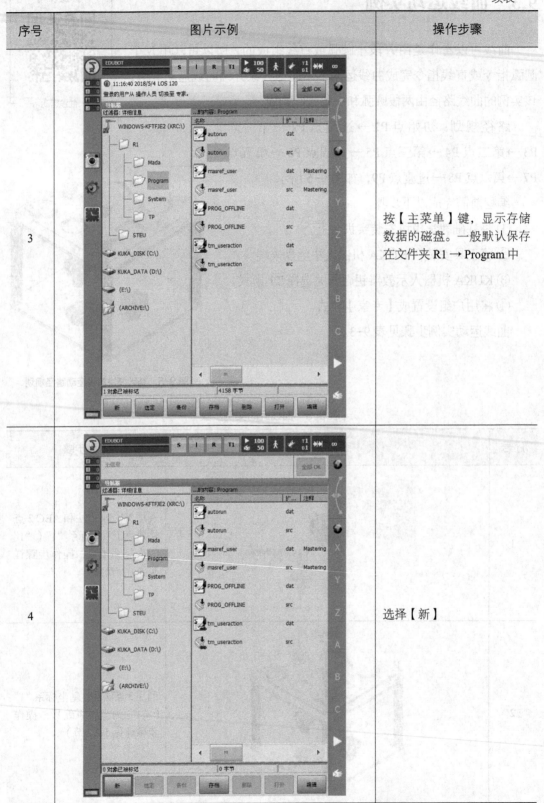	按【主菜单】键，显示存储数据的磁盘。一般默认保存在文件夹 R1 → Program 中
4		选择【新】

续表

序号	图片示例	操作步骤
5	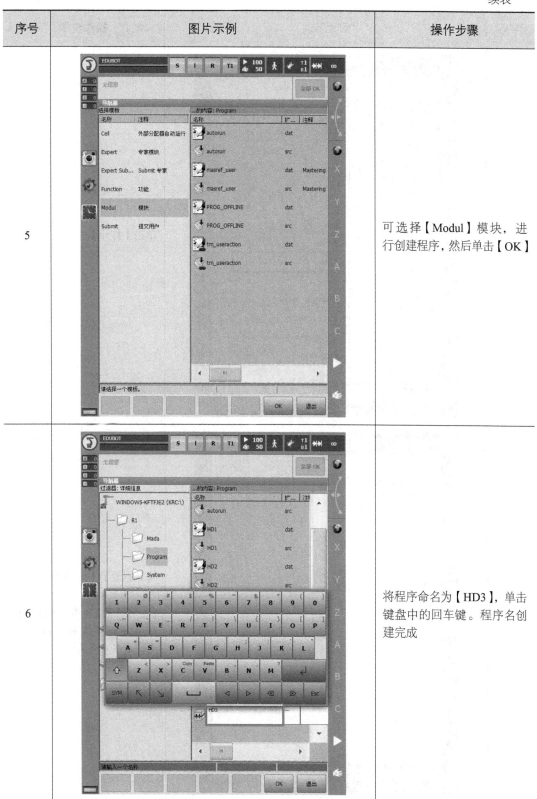	可选择【Modul】模块，进行创建程序，然后单击【OK】
6		将程序命名为【HD3】，单击键盘中的回车键。程序名创建完成

序号	图片示例	操作步骤
7	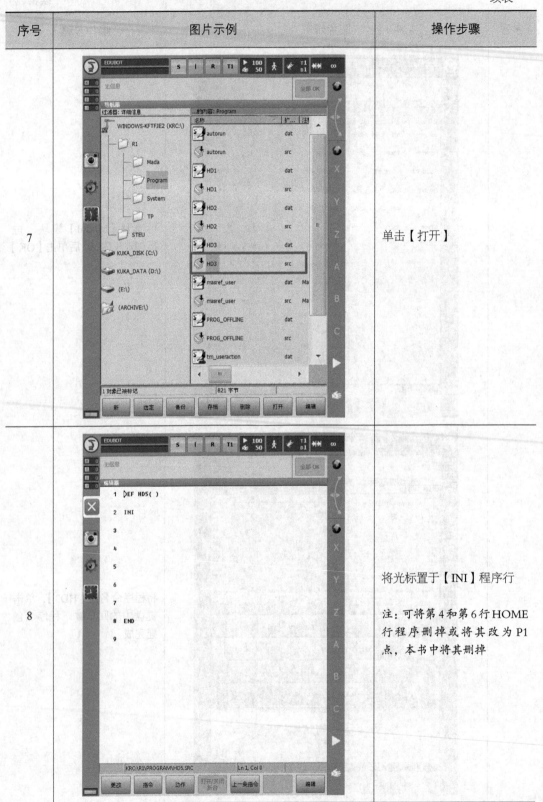	单击【打开】
8		将光标置于【INI】程序行 注：可将第4和第6行HOME行程序删掉或将其改为P1点，本书中将其删掉

续表

序号	图片示例	操作步骤
9	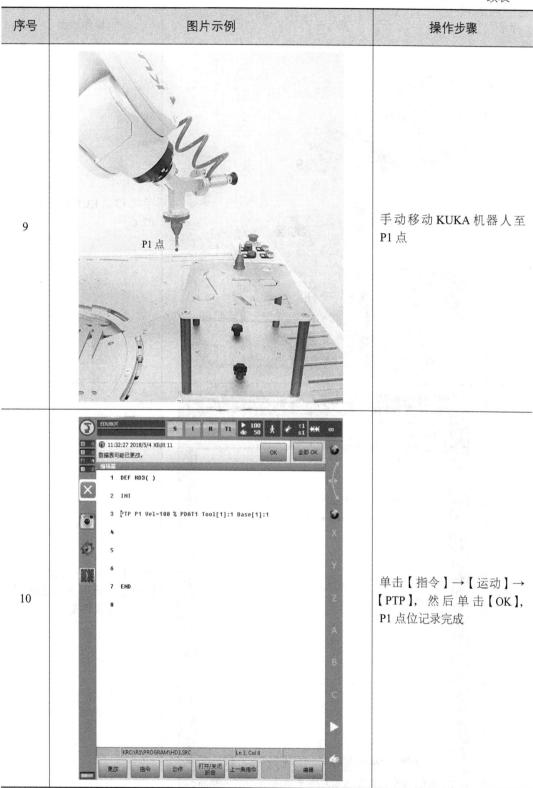	手动移动 KUKA 机器人至 P1 点
10		单击【指令】→【运动】→【PTP】, 然后单击【OK】, P1 点位记录完成

续表

序号	图片示例	操作步骤
11	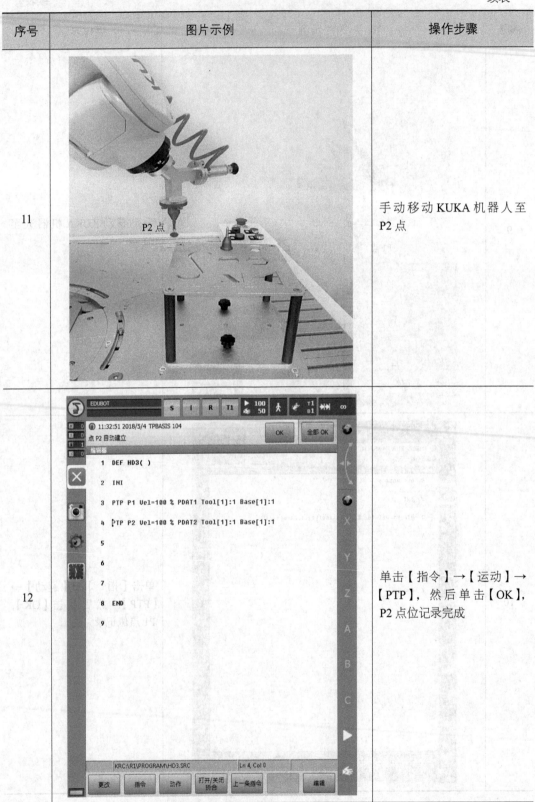	手动移动 KUKA 机器人至 P2 点
12		单击【指令】→【运动】→【PTP】，然后单击【OK】，P2 点位记录完成

续表

序号	图片示例	操作步骤
13	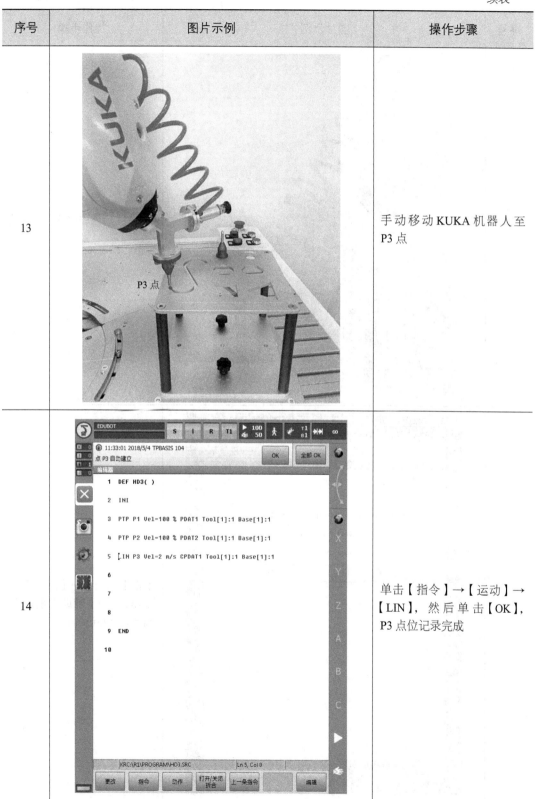	手动移动 KUKA 机器人至 P3 点
14		单击【指令】→【运动】→【LIN】，然后单击【OK】，P3 点位记录完成

序号	图片示例	操作步骤
15	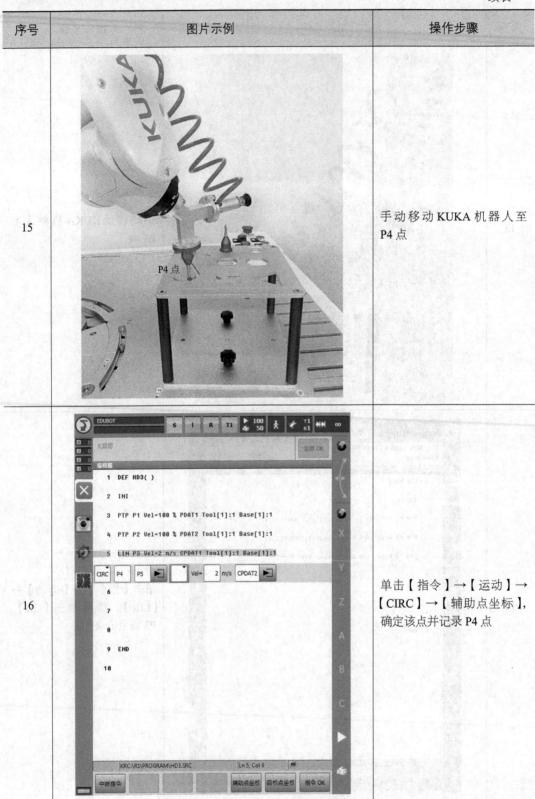	手动移动 KUKA 机器人至 P4 点
16		单击【指令】→【运动】→【CIRC】→【辅助点坐标】，确定该点并记录 P4 点

续表

序号	图片示例	操作步骤
17	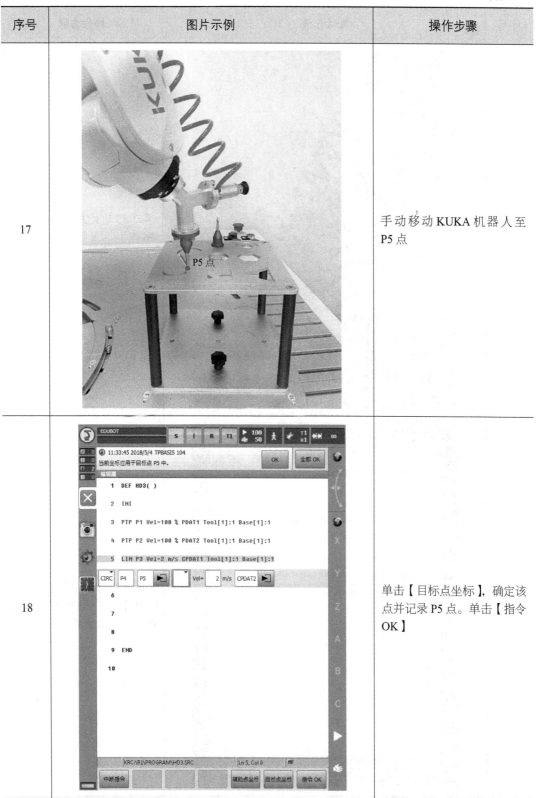	手动移动 KUKA 机器人至 P5 点
18		单击【目标点坐标】，确定该点并记录 P5 点。单击【指令 OK】

续表

序号	图片示例	操作步骤
19	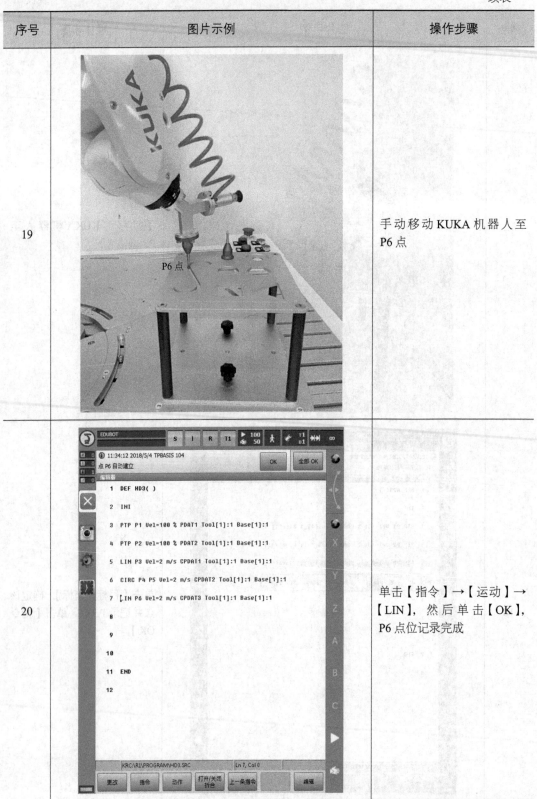	手动移动 KUKA 机器人至 P6 点
20		单击【指令】→【运动】→【LIN】，然后单击【OK】，P6 点位记录完成

续表

序号	图片示例	操作步骤
21	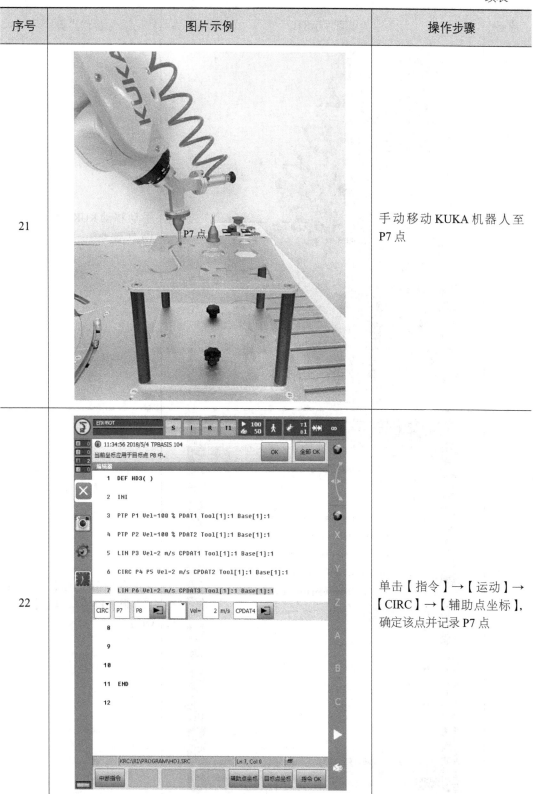	手动移动 KUKA 机器人至 P7 点
22		单击【指令】→【运动】→【CIRC】→【辅助点坐标】，确定该点并记录 P7 点

续表

序号	图片示例	操作步骤
23	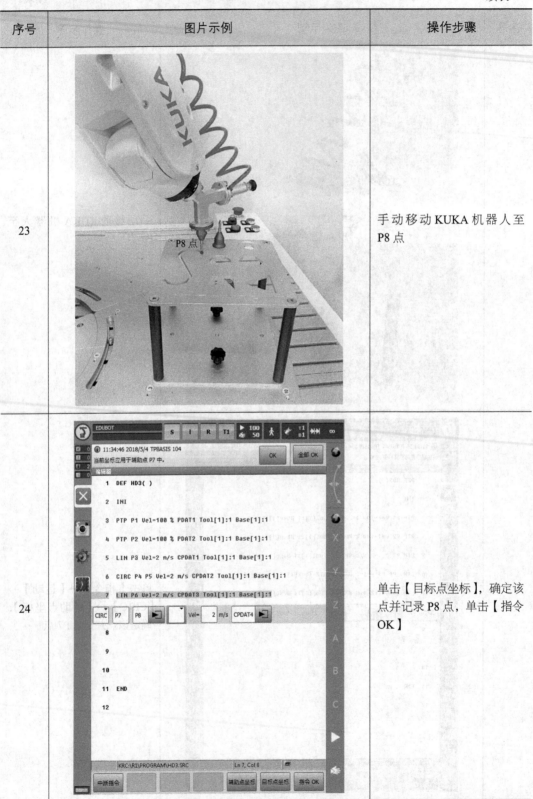 P8 点	手动移动 KUKA 机器人至 P8 点
24		单击【目标点坐标】，确定该点并记录 P8 点，单击【指令OK】

续表

序号	图片示例	操作步骤
25	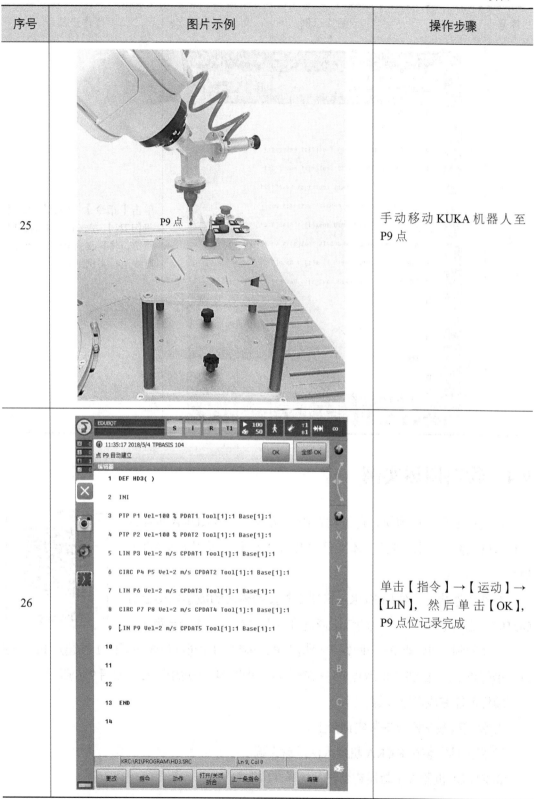	手动移动 KUKA 机器人至 P9 点
26		单击【指令】→【运动】→【LIN】，然后单击【OK】，P9 点位记录完成

续表

序号	图片示例	操作步骤
27	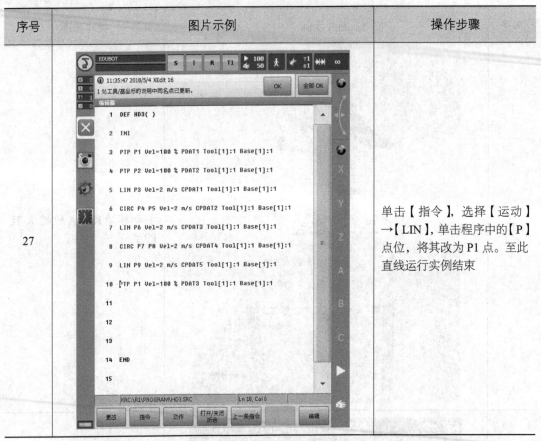	单击【指令】，选择【运动】→【LIN】，单击程序中的【P】点位，将其改为 P1 点。至此直线运行实例结束

9.4 物料搬运实例

本实例使用搬运模块，通过物料搬运操作来介绍 KUKA 机器人 I/O 模块的输出信号的使用。本实例中 KUKA 机器人采用华太 I/O 模块。

微课视频

物料搬运

在硬件连接时，使用 KUKA 机器人外接的模块的数字输出信号 OUT07，驱动电磁阀，产生的气压通过真空发生器后，连接至吸盘。

路径规划：初始点 P1 →圆饼 1 抬起点 P2 →圆饼 1 拾取点 P3 →圆饼 1 抬起点 P2 →圆饼 7 抬起点 P4 →圆饼 7 拾取点 P5 →圆饼 7 抬起点 P4 →初始点 P1，如图 9-6 所示。

编程前需完成以下步骤。

① 将基础教学模块安装实训台上。

② 将工具安装在 KUKA 机器人法兰盘末端。

③ KUKA 机器人示教器钥匙开关选择 T1 模式。

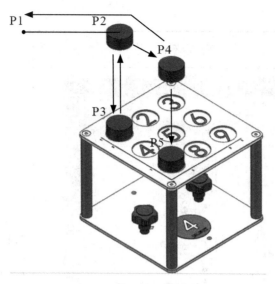

图 9-6 物料搬运路径规划

④ 将用户组设置成【专家】模式。

物料搬运实例步骤见表 9-4。

表 9-4 物料搬运实例步骤

序号	图片示例	操作步骤
1		利用 XYZ 4 点法和 ABC 2 点法建立工具坐标系"1"（"1"为坐标系编号，操作步骤详见 5.1.2 节）
2		利用 3 点法建立基坐标系"1"（"1"为坐标系编号，操作步骤详见 5.2.2 节）

续表

序号	图片示例	操作步骤
3	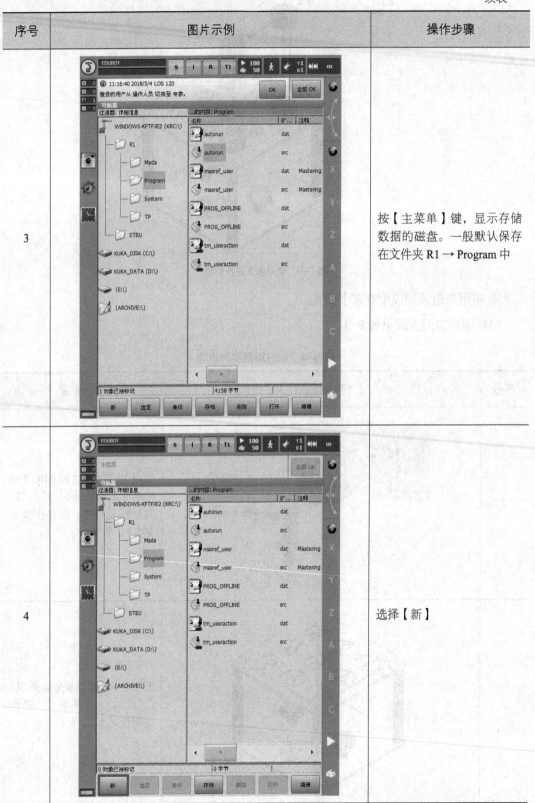	按【主菜单】键，显示存储数据的磁盘。一般默认保存在文件夹 R1 → Program 中
4		选择【新】

序号	图片示例	操作步骤
5	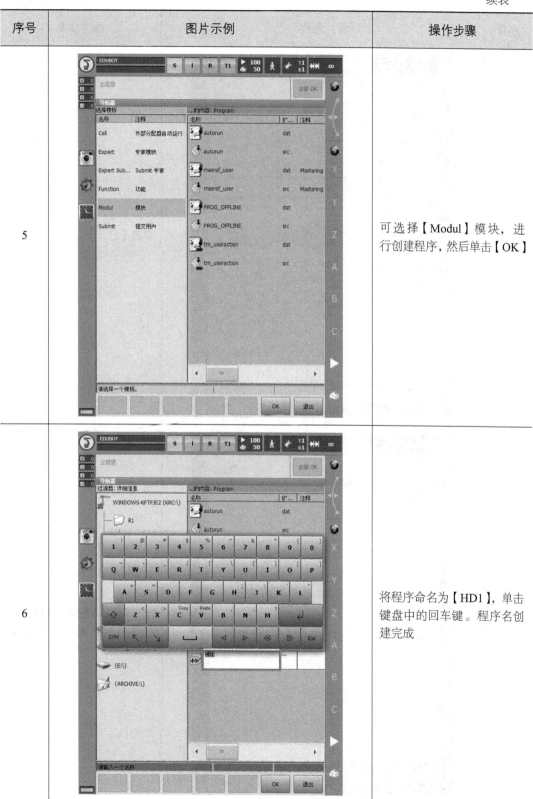	可选择【Modul】模块，进行创建程序，然后单击【OK】
6		将程序命名为【HD1】，单击键盘中的回车键。程序名创建完成

序号	图片示例	操作步骤
7	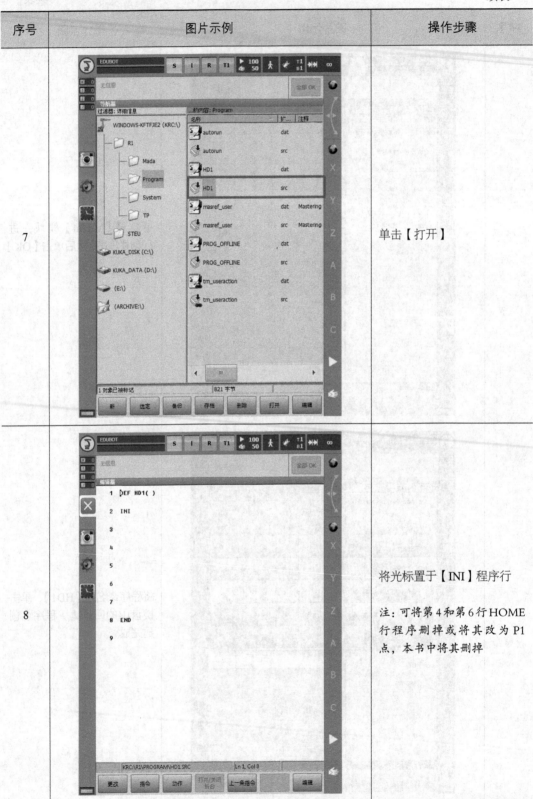	单击【打开】
8		将光标置于【INI】程序行 注：可将第4和第6行HOME行程序删掉或将其改为P1点，本书中将其删掉

续表

序号	图片示例	操作步骤
9	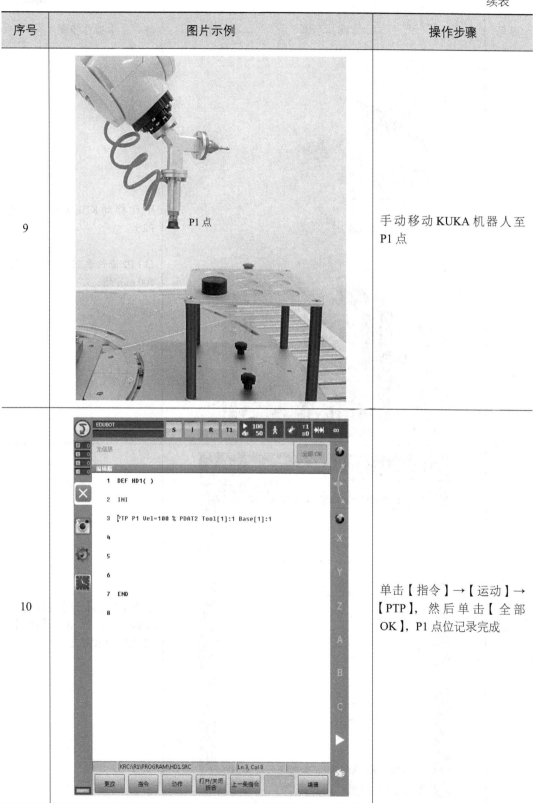	手动移动KUKA机器人至P1点
10		单击【指令】→【运动】→【PTP】，然后单击【全部OK】，P1点位记录完成

序号	图片示例	操作步骤
11	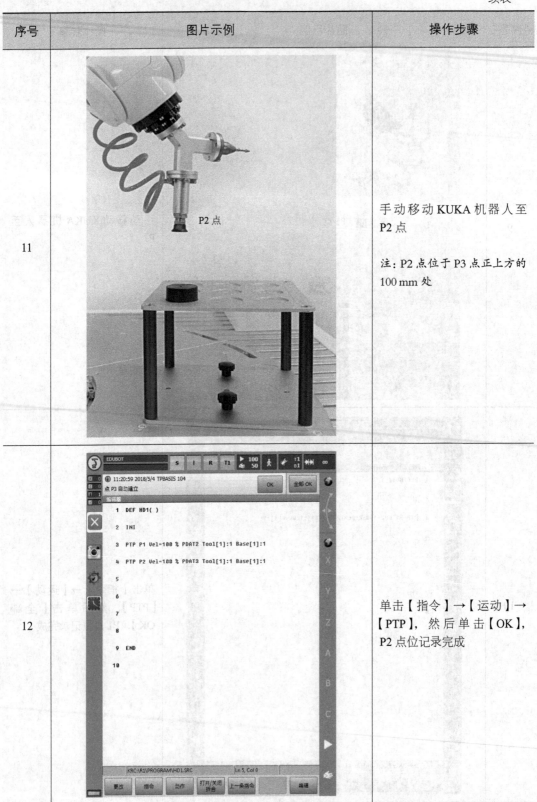	手动移动 KUKA 机器人至 P2 点 注：P2 点位于 P3 点正上方的 100 mm 处
12		单击【指令】→【运动】→【PTP】，然后单击【OK】，P2 点位记录完成

续表

序号	图片示例	操作步骤
13	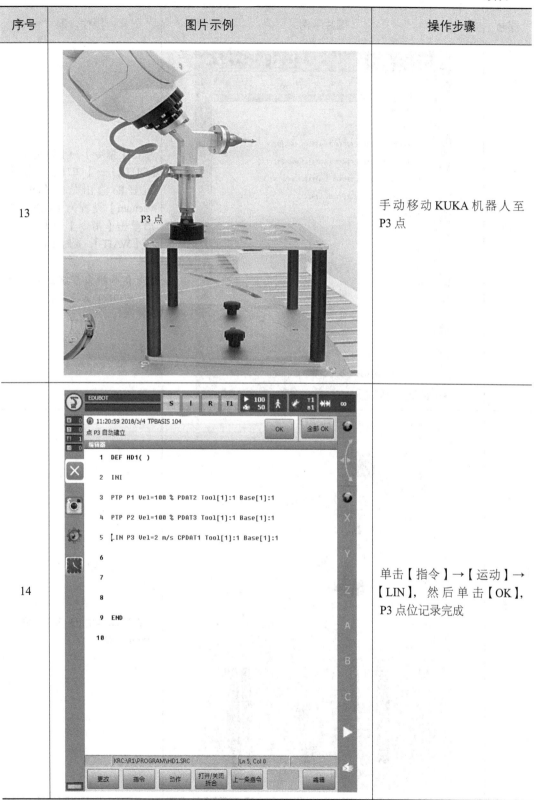	手动移动 KUKA 机器人至 P3 点
14		单击【指令】→【运动】→【LIN】，然后单击【OK】，P3 点位记录完成

续表

序号	图片示例	操作步骤
15	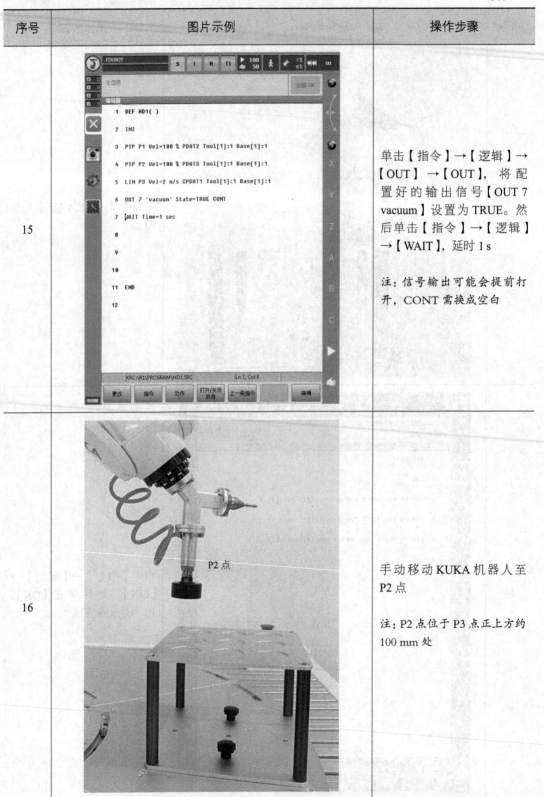	单击【指令】→【逻辑】→【OUT】→【OUT】，将配置好的输出信号【OUT 7 vacuum】设置为 TRUE。然后单击【指令】→【逻辑】→【WAIT】，延时 1 s 注：信号输出可能会提前打开，CONT 需换成空白
16		手动移动 KUKA 机器人至 P2 点 注：P2 点位于 P3 点正上方约 100 mm 处

续表

序号	图片示例	操作步骤
17	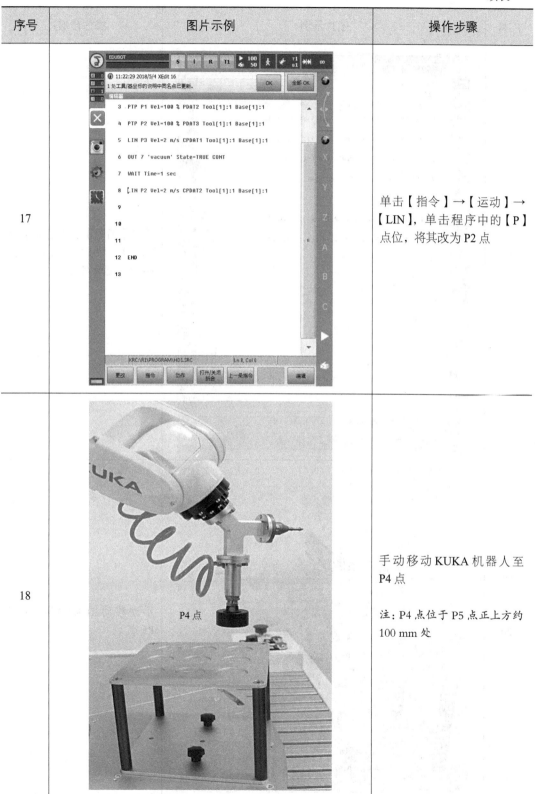	单击【指令】→【运动】→【LIN】，单击程序中的【P】点位，将其改为 P2 点
18		手动移动 KUKA 机器人至 P4 点 注：P4 点位于 P5 点正上方约 100 mm 处

序号	图片示例	操作步骤
19	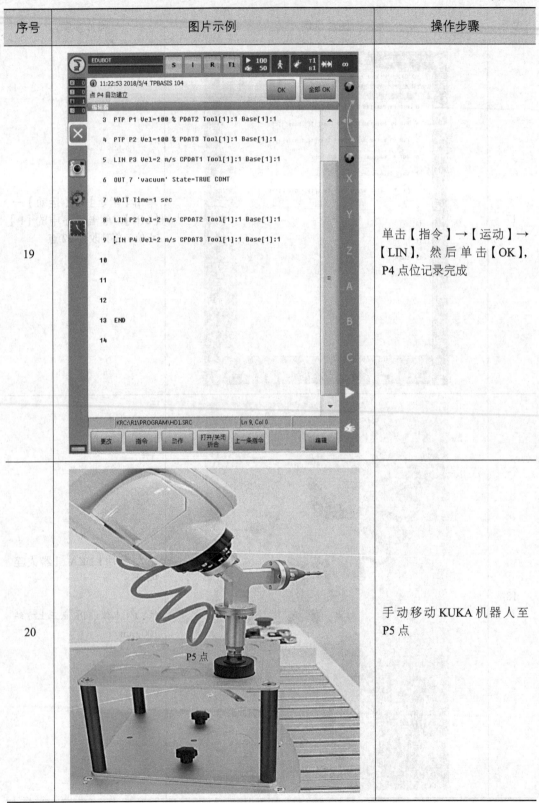	单击【指令】→【运动】→【LIN】，然后单击【OK】，P4点位记录完成
20	P5 点	手动移动 KUKA 机器人至 P5 点

续表

序号	图片示例	操作步骤
21	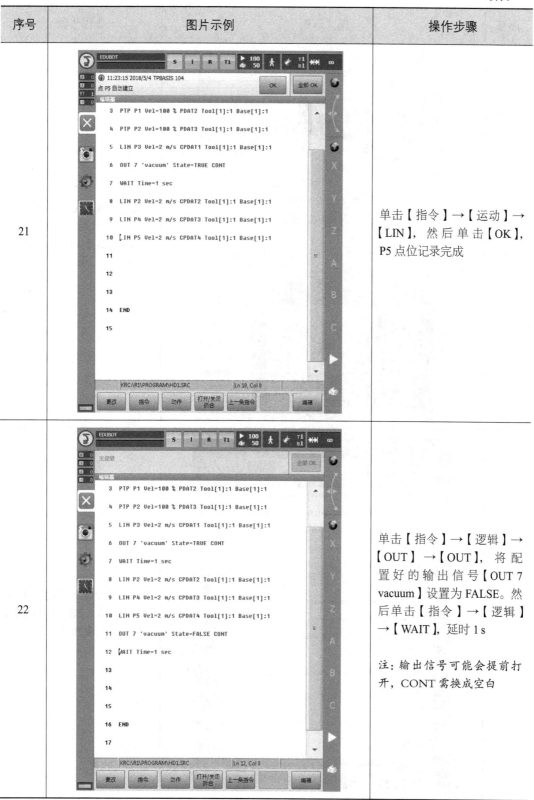	单击【指令】→【运动】→【LIN】，然后单击【OK】，P5 点位记录完成
22		单击【指令】→【逻辑】→【OUT】→【OUT】，将配置好的输出信号【OUT 7 vacuum】设置为 FALSE。然后单击【指令】→【逻辑】→【WAIT】，延时 1 s 注：输出信号可能会提前打开，CONT 需换成空白

续表

序号	图片示例	操作步骤
23	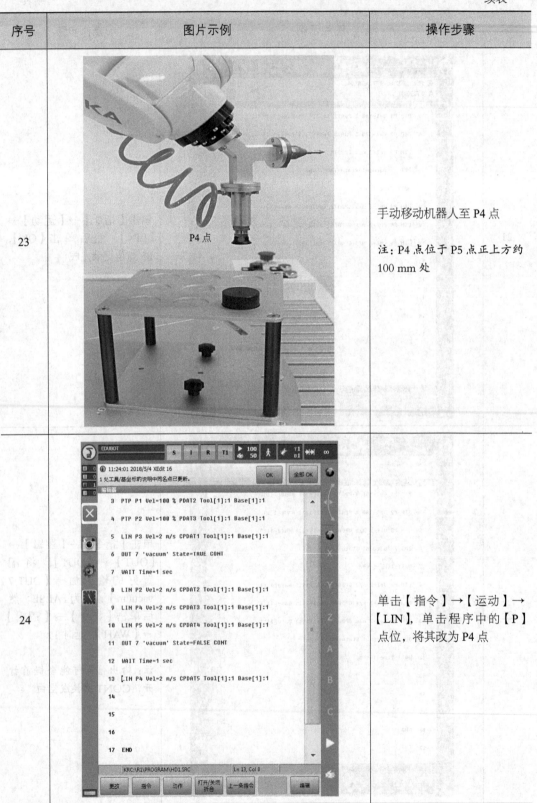	手动移动机器人至 P4 点 注：P4 点位于 P5 点正上方约 100 mm 处
24		单击【指令】→【运动】→【LIN】，单击程序中的【P】点位，将其改为 P4 点

续表

序号	图片示例	操作步骤
25	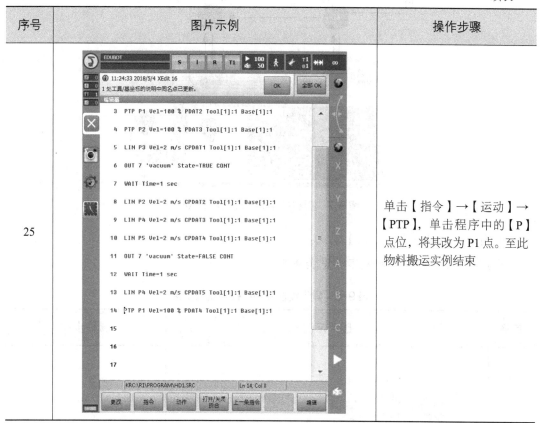	单击【指令】→【运动】→【PTP】，单击程序中的【P】点位，将其改为 P1 点。至此物料搬运实例结束

9.5 异步输送带物料检测实例

本实例使用异步输送带模块，通过物料检测与物料搬运操作来介绍 KUKA 机器人 I/O 模块的输入 / 输出信号的使用。

在硬件连接时，使用 KUKA 机器人通用数字输出信号 OUT07，驱动电磁阀，产生的气压通过真空发生器后，连接至真空吸盘。并将输送带末端的光电传感器检测信号接入 I/O 模块中数字输入信号的 IN07，当物料到达时，KUKA 机器人进行信号检测。

路径规划：初始点 P1 →圆饼抬起点 P2 →圆饼拾取点 P3 →圆饼抬起点 P2 →圆饼抬起点 P4 →圆饼拾取点 P5 →圆饼抬起点 P4 →初始点 P1，如图 9-7 所示。

编程前需完成以下步骤。

① 将基础教学模块安装实训台上。

② 将工具安装在 KUKA 机器人法兰盘末端。

③ KUKA 机器人示教器钥匙开关选择 T1 模式。

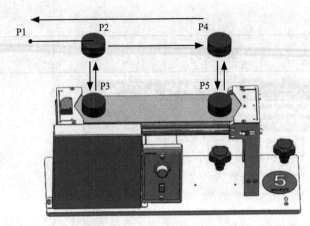

图 9-7　输送带物料检测动作路径规划

④ 将用户组设置成【专家】模式。

异步输送带物料检测实例步骤见表 9-5。

表 9-5　异步输送带物料检测实例步骤

序号	图片示例	操作步骤
1		利用 XYZ 4 点法和 ABC 2 点法建立工具坐标系"1"（"1"为坐标系编号，操作步骤详见 5.1.2 节）
2		利用 3 点法建立基坐标系"1"（"1"为坐标系编号，操作步骤详见 5.2.2 节）

续表

序号	图片示例	操作步骤
3	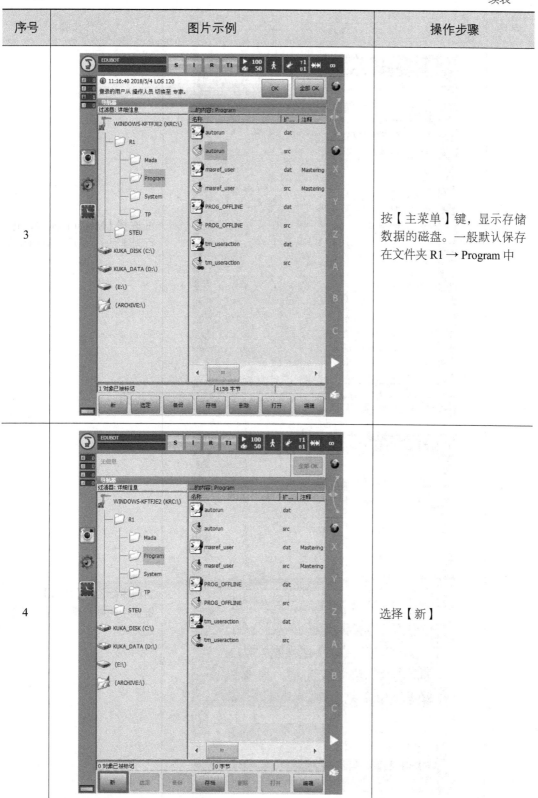	按【主菜单】键，显示存储数据的磁盘。一般默认保存在文件夹 R1 → Program 中
4		选择【新】

序号	图片示例	操作步骤
5	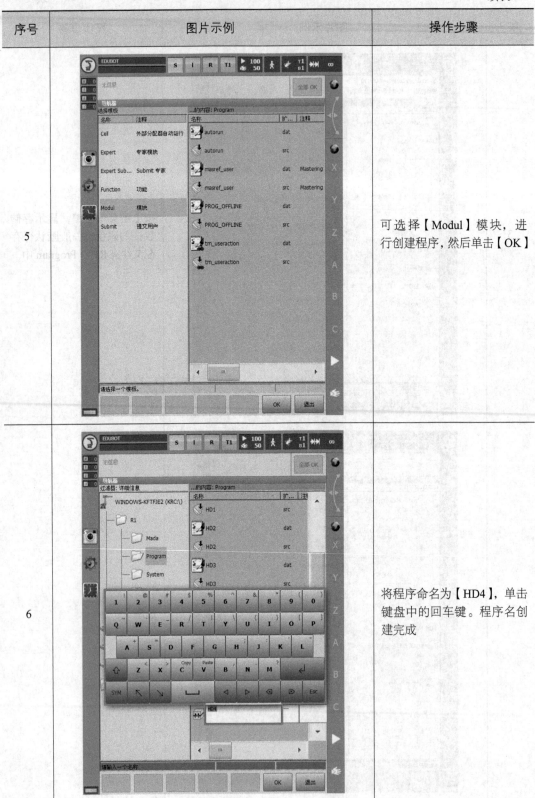	可选择【Modul】模块，进行创建程序，然后单击【OK】
6		将程序命名为【HD4】，单击键盘中的回车键。程序名创建完成

续表

序号	图片示例	操作步骤
7	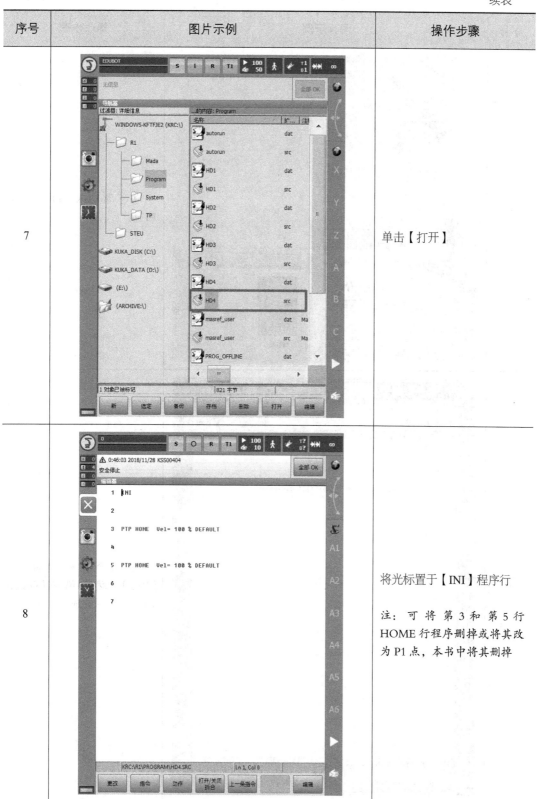	单击【打开】
8		将光标置于【INI】程序行 注：可将第3和第5行HOME行程序删掉或将其改为P1点，本书中将其删掉

序号	图片示例	操作步骤
9	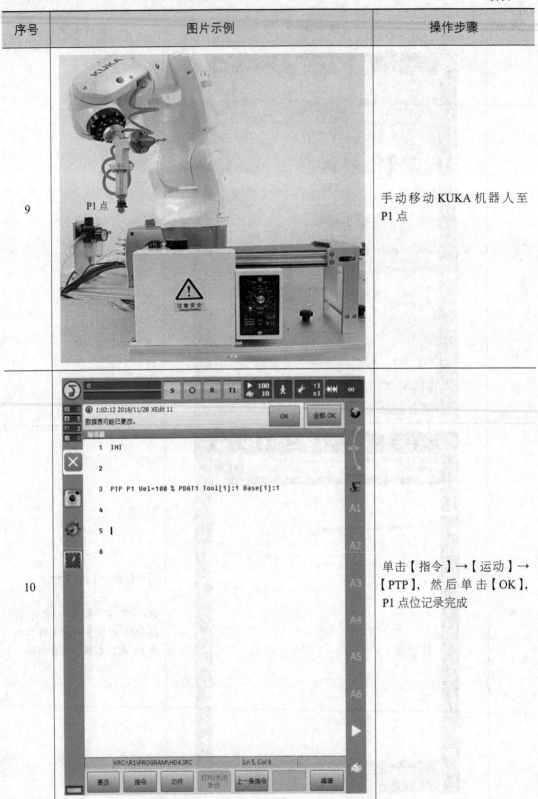	手动移动 KUKA 机器人至 P1 点
10		单击【指令】→【运动】→【PTP】，然后单击【OK】，P1 点位记录完成

续表

序号	图片示例	操作步骤
11	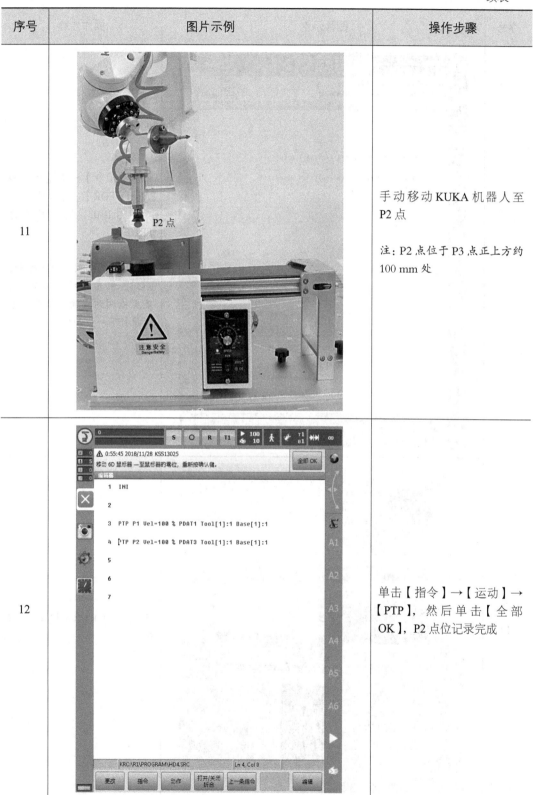	手动移动 KUKA 机器人至 P2 点 注：P2 点位于 P3 点正上方约 100 mm 处
12		单击【指令】→【运动】→【PTP】，然后单击【全部OK】，P2 点位记录完成

序号	图片示例	操作步骤
13	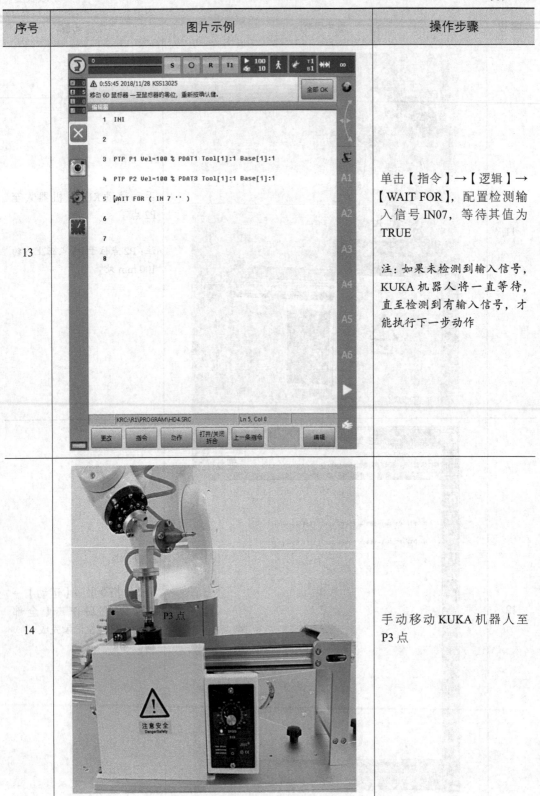	单击【指令】→【逻辑】→【WAIT FOR】，配置检测输入信号 IN07，等待其值为 TRUE 注：如果未检测到输入信号，KUKA 机器人将一直等待，直至检测到有输入信号，才能执行下一步动作
14		手动移动 KUKA 机器人至 P3 点

续表

序号	图片示例	操作步骤
15	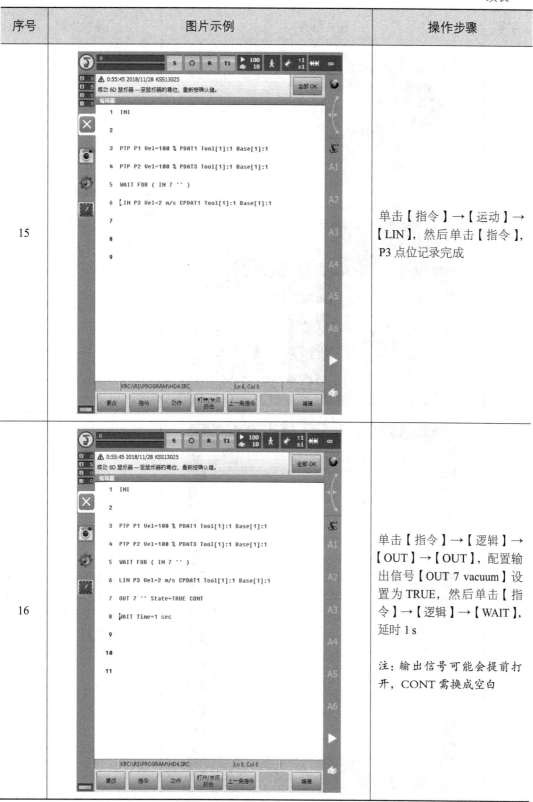	单击【指令】→【运动】→【LIN】，然后单击【指令】，P3点位记录完成
16		单击【指令】→【逻辑】→【OUT】→【OUT】，配置输出信号【OUT 7 vacuum】设置为TRUE，然后单击【指令】→【逻辑】→【WAIT】，延时1 s 注：输出信号可能会提前打开，CONT需换成空白

续表

序号	图片示例	操作步骤
17	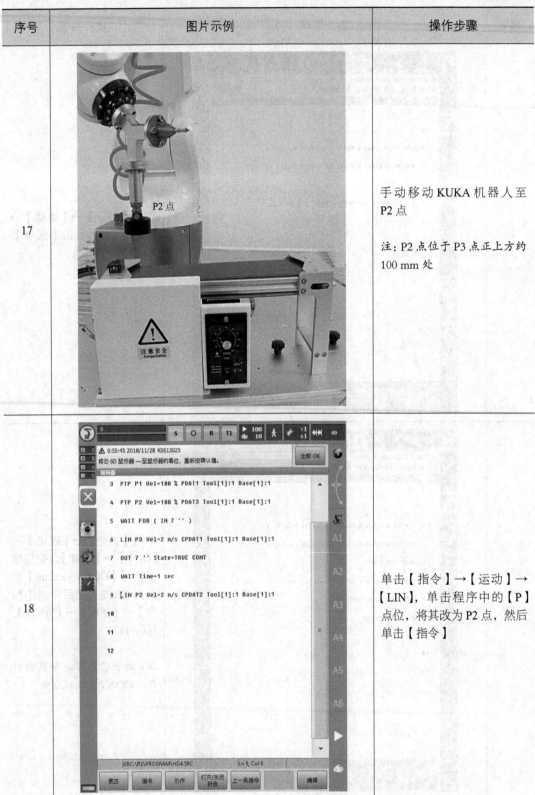 P2 点	手动移动 KUKA 机器人至 P2 点 注：P2 点位于 P3 点正上方约 100 mm 处
18		单击【指令】→【运动】→【LIN】，单击程序中的【P】点位，将其改为 P2 点，然后单击【指令】

续表

序号	图片示例	操作步骤
19	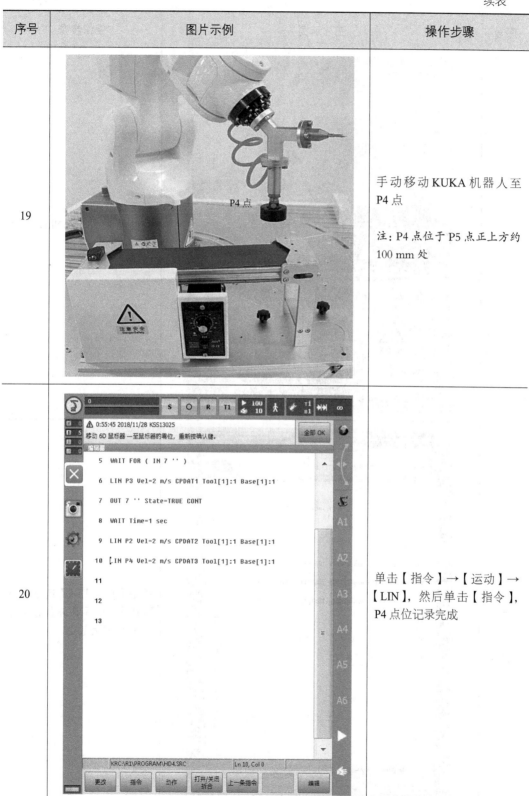	手动移动 KUKA 机器人至 P4 点 注：P4 点位于 P5 点正上方约 100 mm 处
20		单击【指令】→【运动】→【LIN】，然后单击【指令】，P4 点位记录完成

续表

序号	图片示例	操作步骤
21	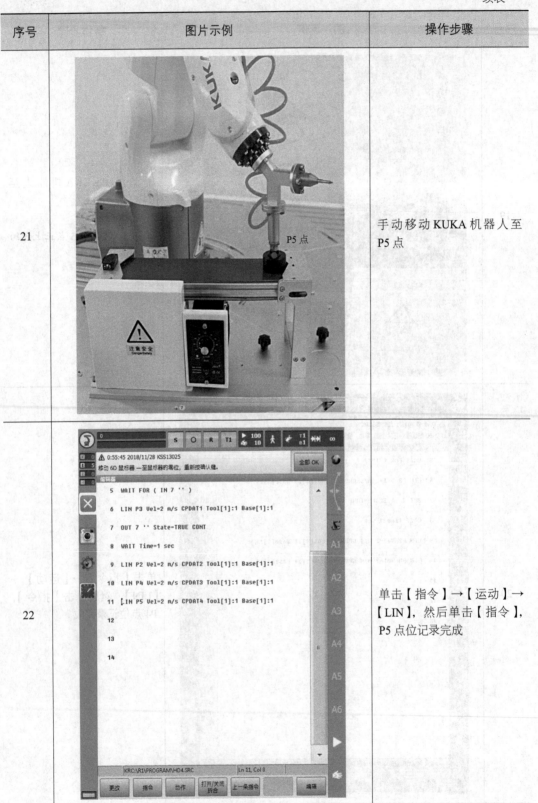	手动移动 KUKA 机器人至 P5 点
22		单击【指令】→【运动】→【LIN】，然后单击【指令】，P5 点位记录完成

序号	图片示例	操作步骤
23	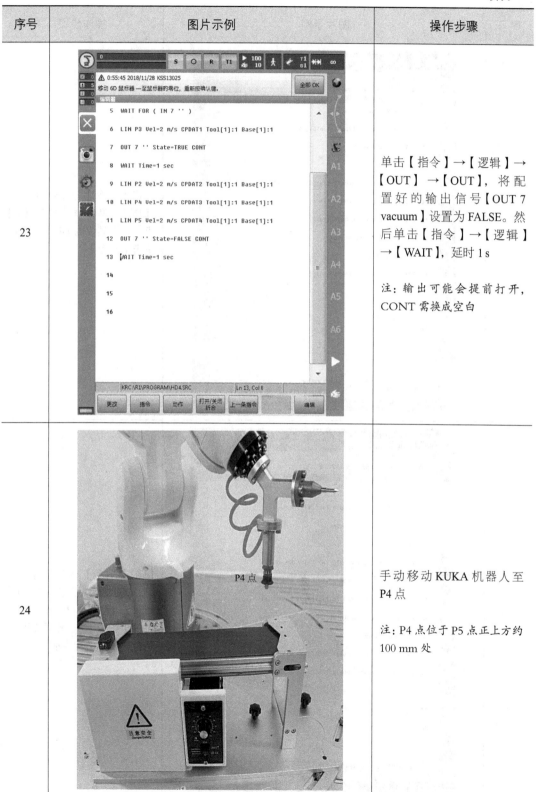	单击【指令】→【逻辑】→【OUT】→【OUT】，将配置好的输出信号【OUT 7 vacuum】设置为FALSE。然后单击【指令】→【逻辑】→【WAIT】，延时1 s 注：输出可能会提前打开，CONT需换成空白
24	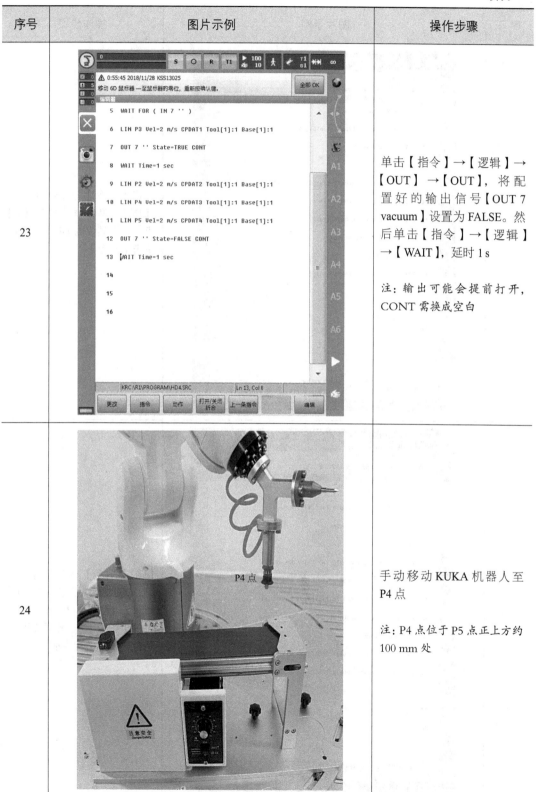	手动移动KUKA机器人至P4点 注：P4点位于P5点正上方约100 mm处

续表

序号	图片示例	操作步骤
25	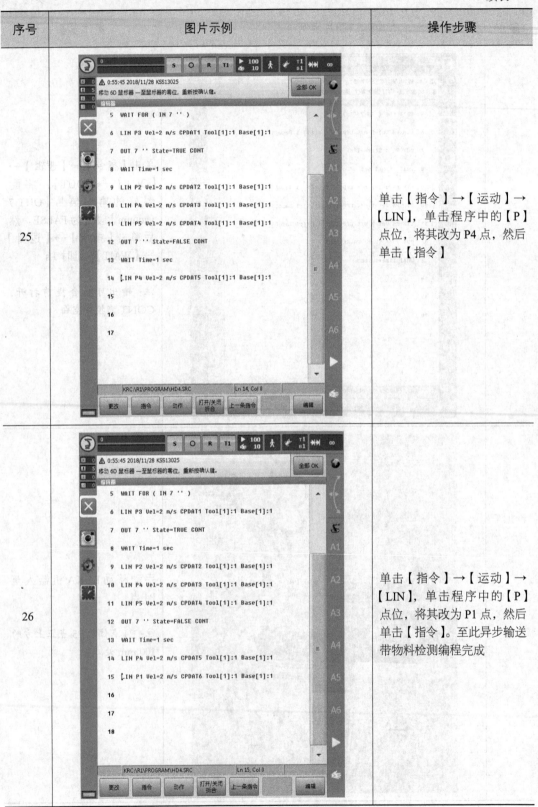	单击【指令】→【运动】→【LIN】，单击程序中的【P】点位，将其改为P4点，然后单击【指令】
26		单击【指令】→【运动】→【LIN】，单击程序中的【P】点位，将其改为P1点，然后单击【指令】。至此异步输送带物料检测编程完成

思考题

一、填空题

1. KUKA 机器人的程序数据一般默认保存在文件夹_____中。
2. 编程前需要确认_____坐标与_____坐标。

二、简答题

1. 编程前的准备工作有哪些？
2. 圆弧运动有哪些图形组成？
3. 异步输送带物料检测实例操作步骤分为几步？

第10章
KUKA 机器人零点标定

本章介绍 KUKA 机器人的零点标定的意义、原理及方法，通过本章的学习，让读者掌握 KUKA 机器人零点标定的原理和操作方法。

10.1 零点标定意义

1. 零点标定意义

零点标定意义是使控制器的内部位置数据和旋转编码器反馈的数据保持一致。仅在 KUKA 机器人得到充分和正确标定零点时，KUKA 机器人的使用效果才会最好，KUKA 机器人才能达到它最高的点精度和轨迹精度，完成匹配编程设定的动作运动。

如果 KUKA 机器人轴未经零点标定，则会严重限制 KUKA 机器人的功能，具体如下。

① 无法编程运行，不能沿编程设定的点运行。

② 无法在手动运行模式下手动平移，不能在坐标系中移动。

③ 软件限位开关关闭。

2. 零点标定情况

原则上，KUKA 机器人必须时刻处于已标定零点的状态。在以下情况必须进行零点标定。

① 在投入运行时，RDC 数据异常。

② 对定位值感测的部件（例如带分解器或 RDC 的电机）进行了维护措施后。

③ 未用控制器移动 KUKA 机器人轴（例如借助于自由旋转装置）。

④ 进行了机械修理后（例如更换传动装置、发生强烈碰撞），必须先删除 KUKA 机器人的零点，然后重新标定零点。

10.2 零点标定原理

零点标定原理：手动移动或者借助辅助工具将 KUKA 机器人移动至机械零点标定位置处，将当前 RDC 电机数据保存至控制器。

KR3R540 机器人零点标定位置如图 10-1 所示。

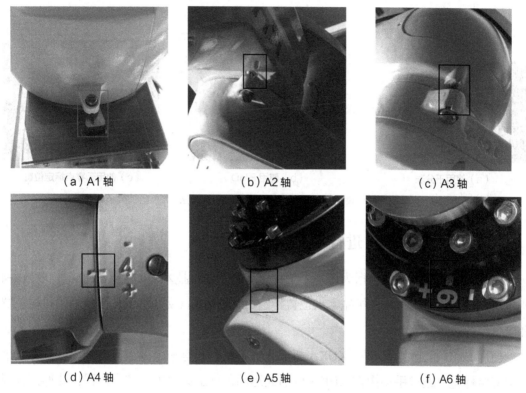

（a）A1 轴   （b）A2 轴   （c）A3 轴

（d）A4 轴   （e）A5 轴   （f）A6 轴

图 10-1　KR3 R540 预零点标定位置

完成 KR3 R540 机器人零点标定后，KR3 R540 机器人零点标定位置姿态如图 10-2 所示，当前位置数据见表 10-1。

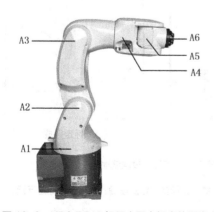

图 10-2　KR3 R540 机器人零点标定位置姿态

表 10-1　KR3 R540 机器人零点标定位置数据

轴	零点标定位置值
A1	0°
A2	−90°
A3	90°
A4	80°
A5	0°
A6	0°

10.3 零点标定方法

KUKA 机器人零点标定有 3 种方法，分别为使用千分表、使用电子控制仪（EMD）和使用预零点标定位置，如图 10-3 所示。本节以使用 EMD 和使用预零点标定位置为例，说明零点标定操作步骤。

（a）使用千分表

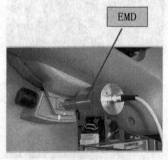
（b）使用 EMD

（c）使用预零点标定位置

图 10-3 KUKA 机器人零点标定方法

10.3.1 使用 EMD 进行零点标定

完整的零点标定过程包括为每一个轴标定零点。通过技术辅助工具 EMD，如图 10-4 所示，可以为任何一个轴在机械零点位置指定一个基准值（如 0°），从而使轴的机械位置和电气位置保持一致。

使用 EMD 标定零点流程：KUKA 机器人每根轴都配有一个零点标定测量套筒和一个零点标定标记，通过手动操作 KUKA 机器人运动，直至达到机械零点位置，使得探针到达轴相应测量槽的最深点，如图 10-5 所示。

图 10-4 EMD

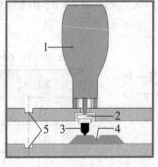
（a）标定前

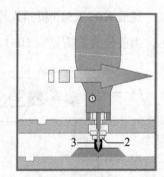
（b）标定完成

图 10-5 EDM 校准流程

1. EMD；2. 测量套筒；3. 探针；4. 测量槽；5. 预零点标定标记

使用 EDM 具体校准步骤见表 10-2。

表 10-2 使用 EMD 校准步骤

序号	图片示例	操作步骤
1	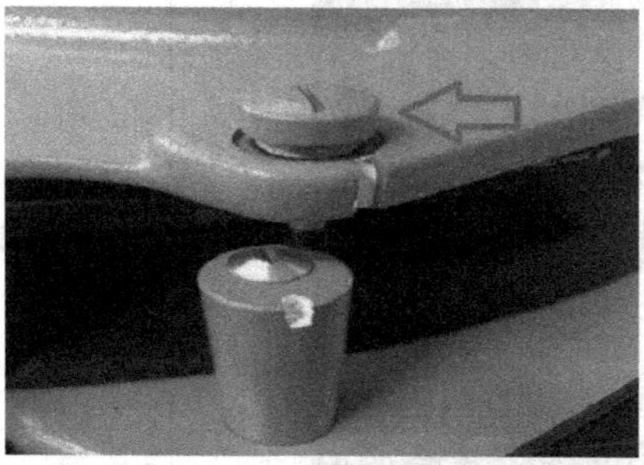	通过关节运动方式，将需要标定的轴，手动移动至预零点标定位置
2	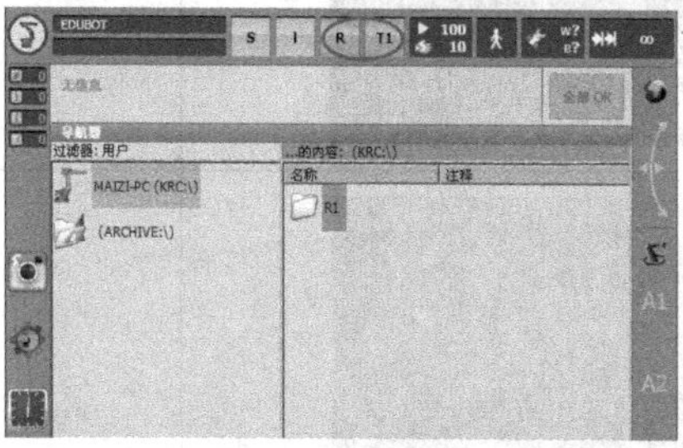	调整模式为 T1 模式，无选择程序，启动键正常
3	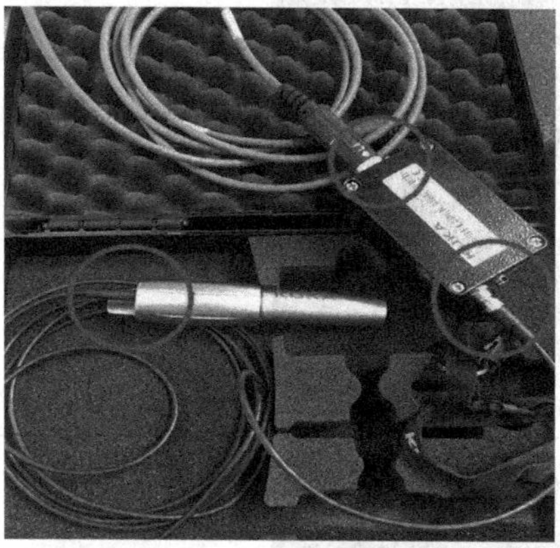	将 EMD 按照左图所示连接
4		将 EMD 的一端接入机器人基座 X32 端口上

序号	图片示例	操作步骤
5		使用 EMD 带有一字头的一端拧开标定头的盖子
6		显示出标定测量筒
7		将 EMD 拧到测量筒上

续表

序号	图片示例	操作步骤
8	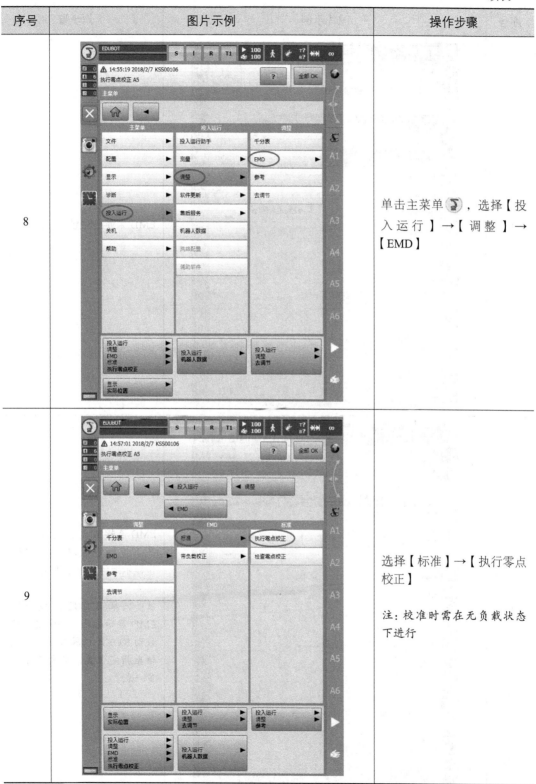	单击主菜单 ⤸，选择【投入运行】→【调整】→【EMD】
9		选择【标准】→【执行零点校正】 注：校准时需在无负载状态下进行

序号	图片示例	操作步骤
10	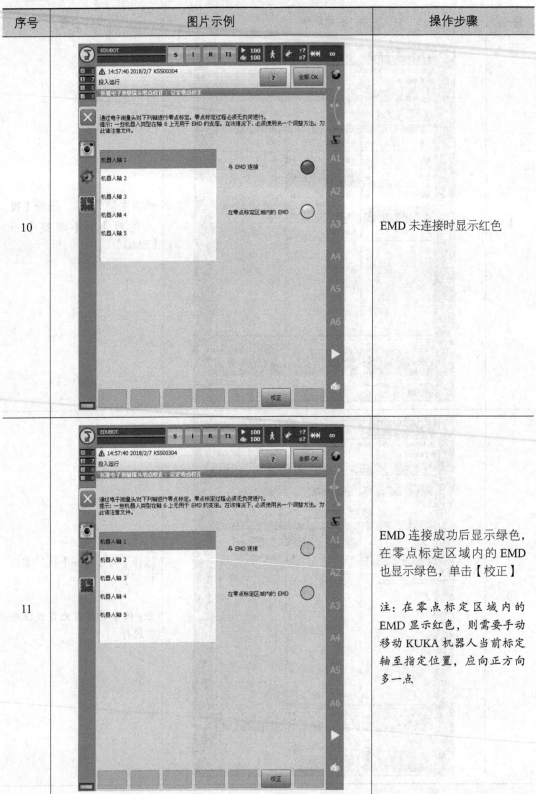	EMD 未连接时显示红色
11		EMD 连接成功后显示绿色，在零点标定区域内的 EMD 也显示绿色，单击【校正】 注：在零点标定区域内的 EMD 显示红色，则需要手动移动 KUKA 机器人当前标定轴至指定位置，应向正方向多一点

续表

序号	图片示例	操作步骤
12		按下【确认开关】，并按住【启动】键
13		EMD 通过了测量切口的最低点，则已到达零点标定位置，KUKA 机器人自动停止运行，数值被储存，该轴标定信息在窗口中消失
14		将测量导线从 EMD 上取下，然后从测量筒上取下 EMD，并将防护盖重新装好 注：依照以上步骤对所有需要校准的轴进行校准，完成校准后会显示无轴可校正

10.3.2 使用预零点标定位置进行标定

通过预零点标定位置的标定方法，只能很粗略的进行 KUKA 机器人零点标定，标定完成后的位置与实际位置有很大差异，在 KUKA 机器人实际使用过程中建议使用 EMD 的标定方法进行标定。

通过预零点标定位置的标定方法具体步骤见表 10-3。

表 10-3　使用预零点标定位置校准步骤

序号	图片示例	操作步骤
1	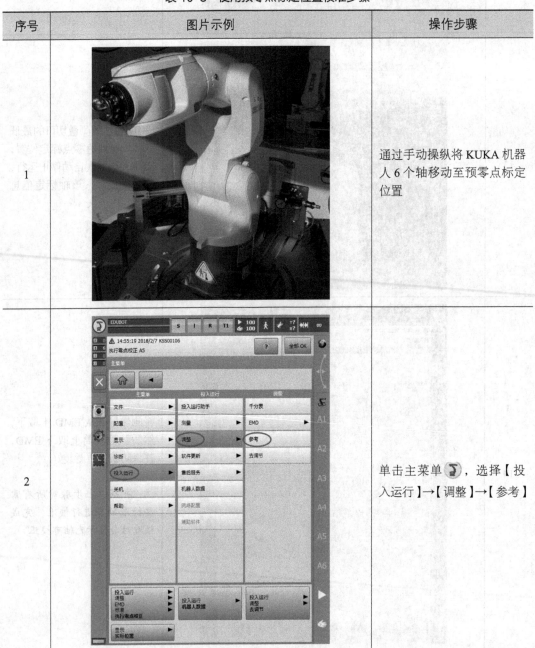	通过手动操纵将 KUKA 机器人 6 个轴移动至预零点标定位置
2		单击主菜单 ⟳，选择【投入运行】→【调整】→【参考】

续表

序号	图片示例	操作步骤
3	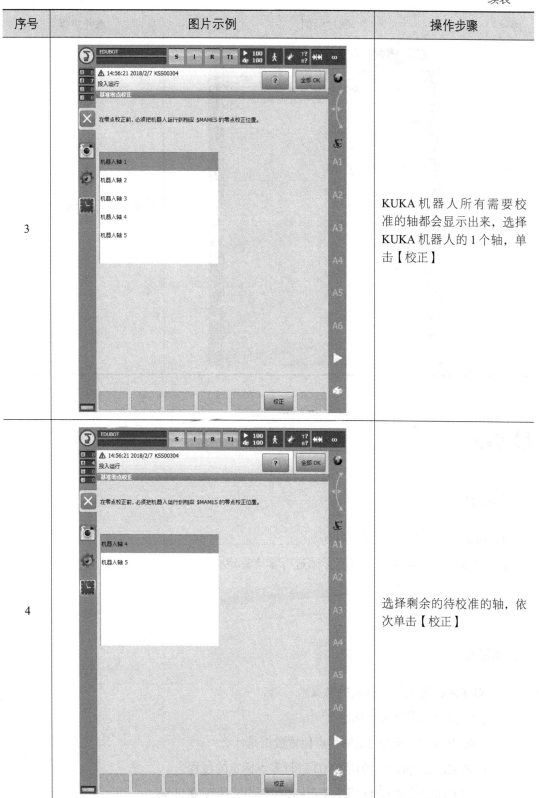	KUKA 机器人所有需要校准的轴都会显示出来，选择KUKA 机器人的 1 个轴，单击【校正】
4		选择剩余的待校准的轴，依次单击【校正】

续表

序号	图片示例	操作步骤
5	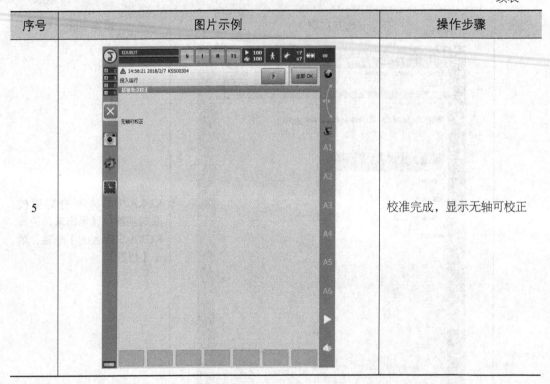	校准完成，显示无轴可校正

思考题

一、填空题

1. KUKA 机器人零点标定有 3 种方法：＿＿＿＿＿＿＿＿＿、＿＿＿＿＿＿＿＿＿＿和＿＿＿＿＿＿＿＿＿。

2. KUKA 机器人在以下情况必须进行零点标定：＿＿＿＿＿＿＿＿＿＿、＿＿＿＿＿＿＿＿＿和

＿＿＿＿＿＿＿＿＿＿＿。

二、简答题

1. KUKA 机器人零点标定的意义？

2. 什么情况下需要零点标定？

3. KR3 R540 机器人的每轴零点位置数据是什么？

4. 简述 KUKA 机器人使用 EMD 进行零点标定的过程。

5. 简述 KUKA 机器人使用预零点标定位置进行标定的步骤。

CHAPTER11

第 11 章
KUKA 机器人离线仿真

离线编程可以在不消耗任何实际生产资源的情况下对实际生产过程进行动态模拟。针对工业产品利用该技术可优化产品设计，通过虚拟装配避免或减少物理模型的制作，缩短开发周期，降低成本。同时通过建设数字工厂，直观地展示工厂、生产线、产品虚拟样品以及整个生产过程，为员工培训、实际生产制造和方案评估带来便捷。

11.1 仿真软件简介

微课视频

离线仿真
软件介绍

KUKA 公司针对 KUKA 机器人开发了专用的仿真软件，主要由 Sim Pro 和 Office Lite 两个软件组合使用，目前两款软件已经更新到 Sim Pro 3.0 和 Office Lite 8.3，如图 11-1 所示。

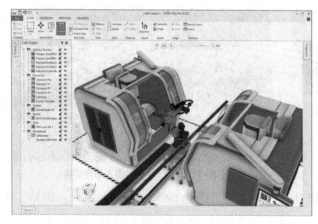

（a）Sim Pro 软件

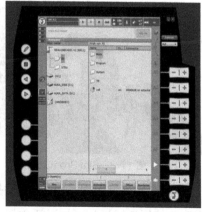

（b）Office Lite 软件

图 11-1　KUKA 机器人离线编程软件

而 Office Lite 8.3 是一个虚拟的 KUKA 机器人控制器，简单说就是一个虚拟的 KUKA 机器人示教器。它需要在虚拟机中运行，实际 KUKA 机器人示教器具有的功能，它全部能够模拟运行。

11.1.1 Sim Pro 软件

KUKA 机器人使用 Sim Pro 软件可以获得更大的灵活度和更高的生产率。

Sim Pro 软件的功能包括以下内容。

① 通过直观的操作界面以及众多功能和模块，Sim Pro 软件可以提供解决方案并使在离线编程时的效率提高。

② 轻松创建布局图。在项目早期阶段，用户可以通过 Sim Pro 为实际生产设备创建布局，如图 11-2 所示。用户可以用拖拽方式方便地将组件从电子编目中放到所需的位置上。方便检查替代方案并对成本最低的方案进行验证。

③ 电子编目和参数建模。电子编目中的大多数组件都已设定了参数。例如，可以应用一个护栏并根据用户要求调整高度或宽度。在电子编目中主要有夹持器、输送带和护栏。

④ 可达性检查和碰撞识别。用户可以通过可达性检查和碰撞识别来确保 KUKA 机器人程序和工作单元布局图的实现。

⑤ 使用方便、高效的离线编程。用户可以直接用 KUKA 机器人语言（KRL）编写 KUKA 机器人程序，不需后处理程序，如图 11-3 所示。在离线编程时，可以通过工件测量工具获得相关尺寸。此外，现场创建的程序可以逐一读入到用来检查程序的 Office Lite 中。

图 11-2 Sim Pro 设计布局

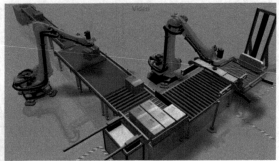
图 11-3 KUKA 机器人动作仿真

⑥ 支持智能组件。可以为机械设计几何图形加入运动功能，例如夹持器、焊枪、机床等，使得机械设计更加灵活方便。且 I/O 组件之间通过信号向导实现 I/O 信号通信。

Sim Pro 3.0 硬件和软件要求见表 11-1。

表 11-1　Sim Pro 3.0 软件安装要求

硬件	最低要求	推荐配置
CPU	Intel I5 或同等标准	Intel I7 或同等标准
内存	4 GB	8 GB 或更高
可以磁盘空间	40 GB	40 GB
图形适配器	AMD 440 集成显卡或同等标准	NVIDIA 显卡
屏幕分辨率	1 280×1 024	1 920×1 080（全高清）或更高
软件	配置要求	
操作系统	Windows 7（64 位）或 Windows 10（64 位）	

11.1.2　Office Lite 软件

Office Lite 是 KUKA 的虚拟机器人示教器，如图 11-1（b）所示。通过该编程系统，可在任何一台计算机上离线创建并优化程序。创建完成的程序可直接传输给 KUKA 机器人并可以确保即时形成生产力。

Office Lite 与 KR C4 系统软件几乎完全相同。通过使用原 smartHMI 和 KRL 语言句法，其离线操作和编程与 KUKA 机器人操作和编程完全相同。

该编程系统具有与 KUKA 系统软件相同的特性，具体特性如下。

① 各个 KUKA 系统软件版本的所有功能全部可用（硬件不能与外围设备连接）。

② 利用可以使用的程序编译器和解释器进行 KRL 句法检查。

③ 可以创建可执行的 KRL 应用程序。

④ 实时控制 KUKA 机器人应用程序的执行：改进节拍时间。

⑤ 可以随时和定期在标准计算机上优化程序。

⑥ 模拟数字式输入端信号，用于测试 KRL 程序中的信号查询。

⑦ 能够与 Sim Pro 进行 I/O 模拟。

⑧ 相同的外观感觉像真正的控制器 UI。

⑨ 采用虚拟机器，独立又灵活。

Office Lite 软件的系统要求见表 11-2。

表 11-2　Office Lite 软件的系统要求

序号	系统要求
1	WIN 7（64 位）或 WIN 10（64 位）
2	Intel I5 处理器或类似处理器

续表

序号	系统要求
3	4 GB RAM，15 GB 硬盘可用空间
4	vmware® Workstation Pro 或 vmware® Workstation Player 12.0 或更高版本
5	WorkVisual 4.0 或更高版本

11.2　离线编程简介

对于 KUKA 机器人离线编程操作，可以采用多种方式进行，不仅可以通过 KUKA 机器人仿真软件 Sim Pro 和 Office Lite 组合，还可以通过 OrangeEdit 和 WorkVisual 等离线编程工具实现 KUKA 机器人离线编程。

11.2.1　OrangeEdit 软件

OrangeEdit 是一款可以进行简单编程的工具，其提供良好的代码编辑方案，根据软件的提示，用户在软件中选择编辑的函数类型（内置 126 种函数类型），可以在查找功能上选取需要的函数代码，通过加载函数代码，可以在编程的时候找到直接使用的素材，从而提高编辑的速度。OrangeEdit 支持设计 KRL 代码，内置 KRL 的逻辑编程模板，如果是第一次编辑，可以直接选取模板快速构建编程的框架，并对编辑的代码进行语法检查，搜索错误的地方并进行修改，其界面如图 11-4 所示。

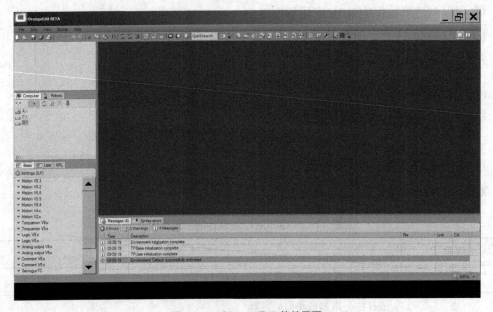

图 11-4　OrangeEdit 软件界面

11.2.2　WorkVisual 软件

1. 简介

WorkVisual 软件是用于由 KR C4 控制的 KUKA 机器人工作单元的工程环境，主要用于离线编程及通信配置。示教器里的程序可以在软件中显示，并编辑；也可用于 KUKA 机器人的 I/O 信号配置以及相关现场总线配置、焊钳配置等。其界面如图 11-5 所示。

WorkVisual 具有以下功能。

① 架构并连接现场总线。

② 对 KUKA 机器人离线编程。

③ 配置机器参数。

④ 离线配置 RoboTeam。

⑤ 编辑安全配置。

⑥ 将项目传送给 KUKA 机器人控制系统。

⑦ 将项目与其他项目进行比较，如果需要则应用差值。

⑧ 管理备选软件包。

⑨ 配置测量记录、启动测量记录、分析测量记录（用示波器）。

⑩ 调试程序。

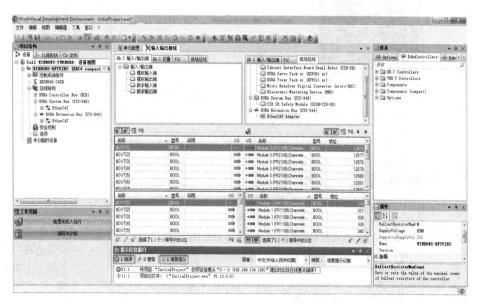

图 11-5　WorkVisual 软件界面

2. 安装

通过 KUKA 官方网站或者购买 KUKA 机器人时的随机光盘获取 WorkVisual 软件安装包，具体安装步骤见表 11-3。

表 11-3 WorkVisual 软件安装步骤

序号	图片示例	操作步骤
1	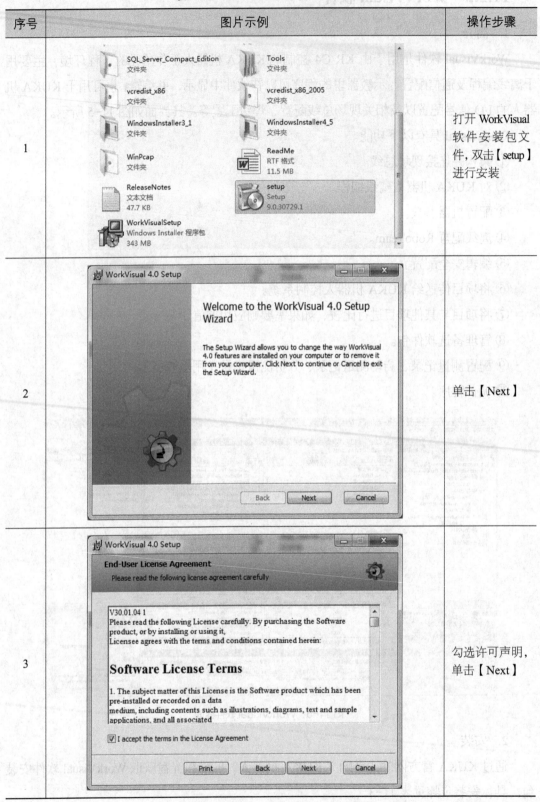	打开 WorkVisual 软件安装包文件，双击【setup】进行安装
2		单击【Next】
3		勾选许可声明，单击【Next】

序号	图片示例	操作步骤
4	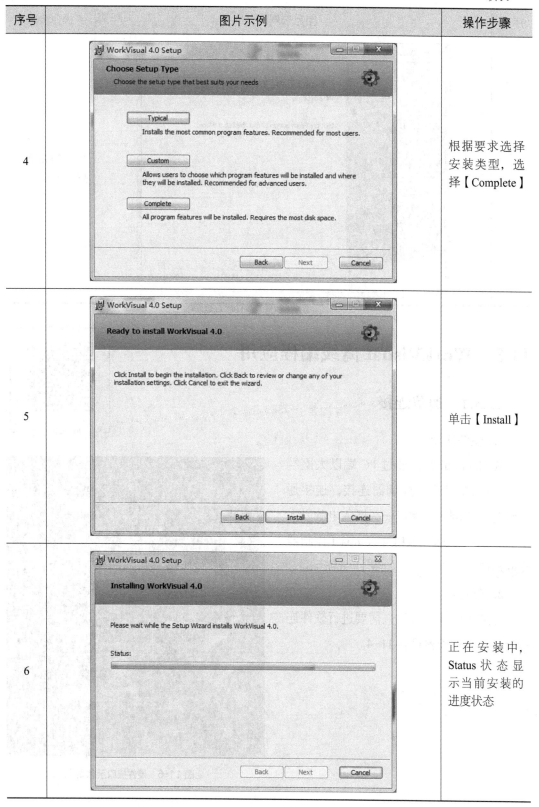	根据要求选择安装类型，选择【Complete】
5		单击【Install】
6		正在安装中，Status状态显示当前安装的进度状态

续表

序号	图片示例	操作步骤
7		单击【Finish】，完成安装

11.3　WorkVisual 离线编程应用

11.3.1　通信连接

1. 硬件连接

WorkVisual 软件通过 PC 端以太网端口与 KUKA 机器人控制器连接，连接通信线为普通网线。网线一头插入电脑以太网口，另一头插入 KRC4 compact 控制器 X66 端口，接口示意图如图 11-6 所示。

2. 软件连接

完成了硬件连接后，需要进行软件连接操作，具体步骤见表 11-4。

图 11-6　硬件接口示意图

表 11-4 WorkVisual 软件连接操作步骤

序号	图片示例	操作步骤
1	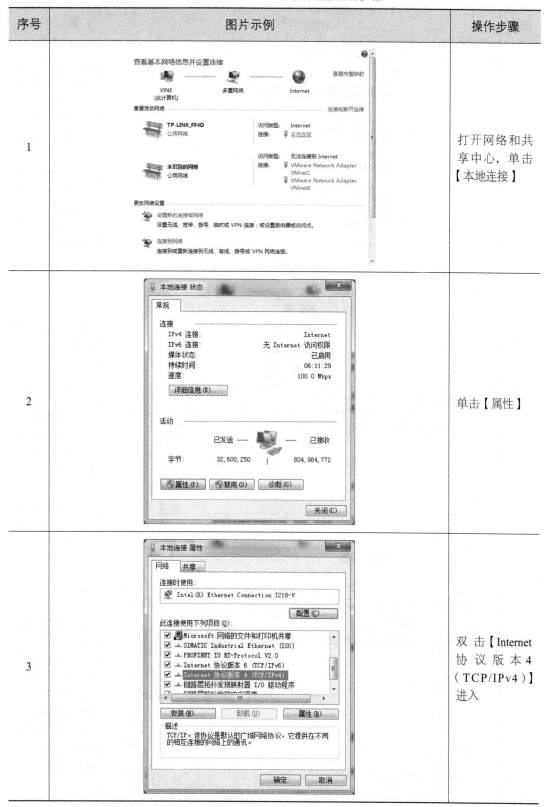	打开网络和共享中心，单击【本地连接】
2		单击【属性】
3		双击【Internet 协议版本4（TCP/IPv4）】进入

序号	图片示例	操作步骤
4	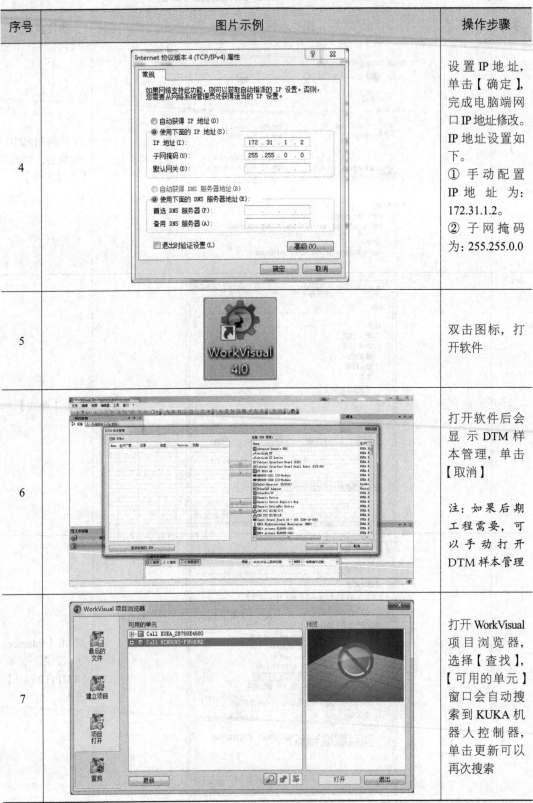	设置 IP 地址，单击【确定】，完成电脑端网口 IP 地址修改。IP 地址设置如下。 ① 手动配置 IP 地 址 为：172.31.1.2。 ② 子网掩码为：255.255.0.0
5		双击图标，打开软件
6		打开软件后会显 示 DTM 样本管理，单击【取消】 注：如果后期工程需要，可以手动打开 DTM 样本管理
7		打开 WorkVisual 项目浏览器，选择【查找】，【可用的单元】窗口会自动搜索到 KUKA 机器人控制器，单击更新可以再次搜索

续表

序号	图片示例	操作步骤
8		选择当前控制器项目，选择当前激活的项目，单击【打开】
9		软件会自动获取当前控制的项目信息，完成通信连接

11.3.2　离线程序编辑

WorkVisual 软件可以进行 KUKA 机器人离线编程，主要用于程序逻辑编程。对于确定 KUKA 机器人动作指令中的目标点方式还是通过示教器进行在线示教。使用 WorkVisual 软件进行简单编程的步骤见表 11-5。

表 11-5　WorkVisual 软件编程操作步骤

序号	图片示例	操作步骤
1	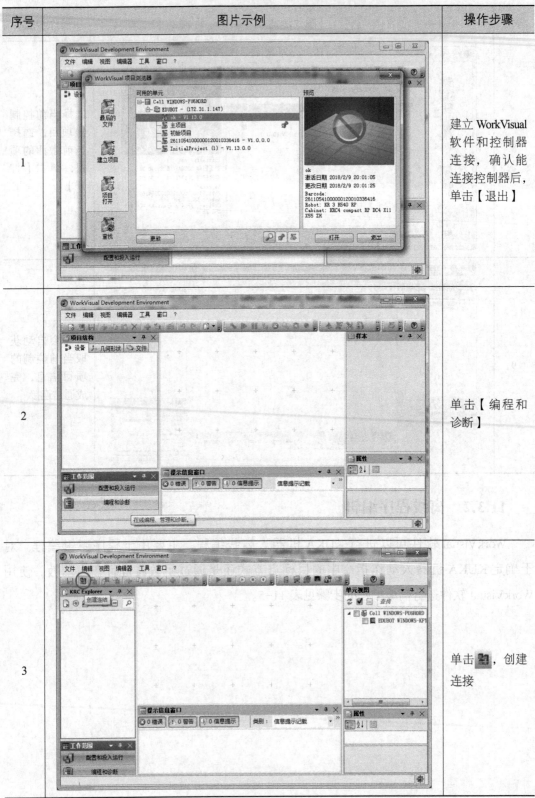	建立 WorkVisual 软件和控制器连接，确认能连接控制器后，单击【退出】
2		单击【编程和诊断】
3		单击 ，创建连接

续表

序号	图片示例	操作步骤
4	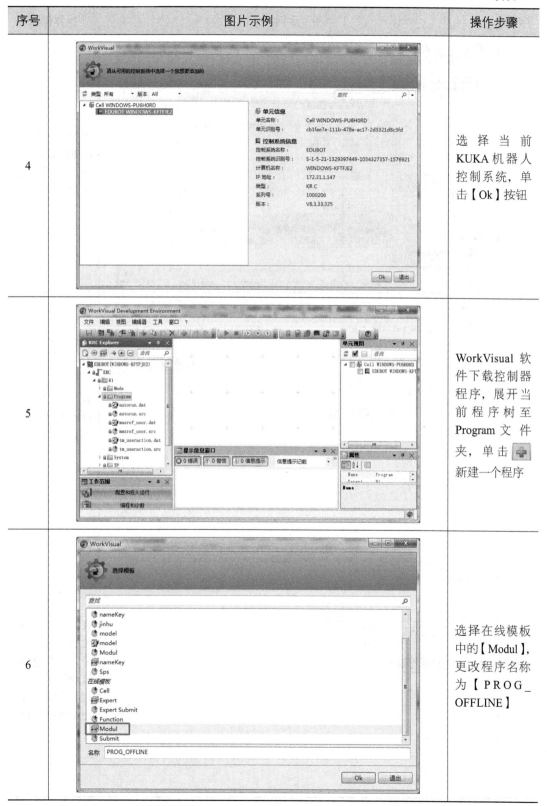	选择当前 KUKA 机器人控制系统，单击【Ok】按钮
5		WorkVisual 软件下载控制器程序，展开当前程序树至 Program 文件夹，单击 新建一个程序
6		选择在线模板中的【Modul】，更改程序名称为【PROG_OFFLINE】

序号	图片示例	操作步骤
7	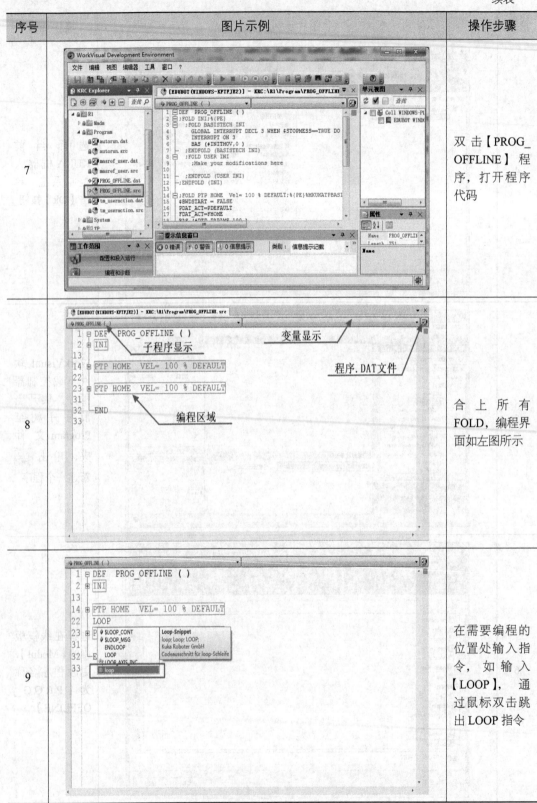	双击【PROG_OFFLINE】程序，打开程序代码
8		合上所有FOLD，编程界面如左图所示
9		在需要编程的位置处输入指令，如输入【LOOP】，通过鼠标双击跳出LOOP指令

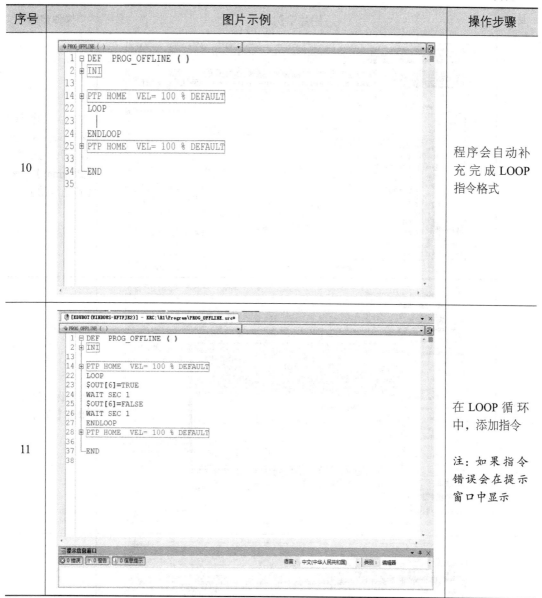

续表

序号	图片示例	操作步骤
10		程序会自动补充完成LOOP指令格式
11		在LOOP循环中，添加指令 注：如果指令错误会在提示窗口中显示

11.3.3 程序下载与调试

完成WorkVisual软件离线编程后，需要将程序下载至控制器，具体步骤见表11-6。

表 11-6　WorkVisual 软件程序下载操作步骤

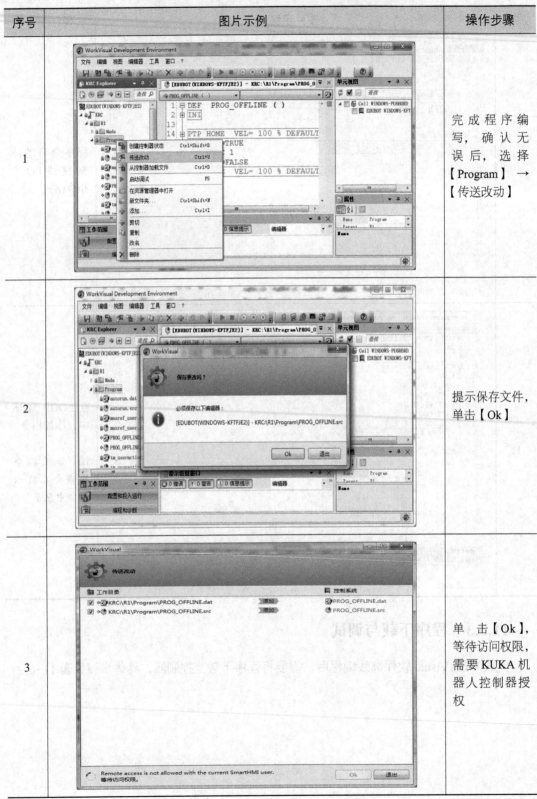

序号	图片示例	操作步骤
1		完成程序编写，确认无误后，选择【Program】→【传送改动】
2		提示保存文件，单击【Ok】
3		单击【Ok】，等待访问权限，需要 KUKA 机器人控制器授权

续表

序号	图片示例	操作步骤
4	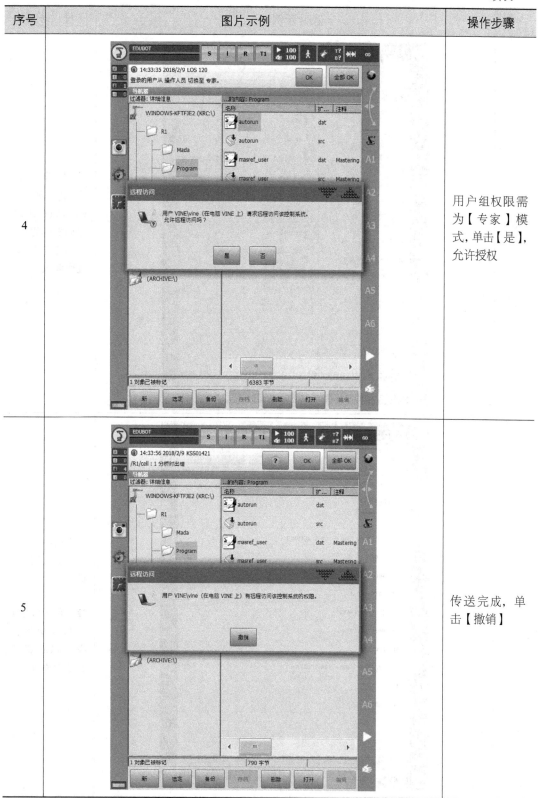	用户组权限需为【专家】模式,单击【是】,允许授权
5		传送完成,单击【撤销】

续表

序号	图片示例	操作步骤
6	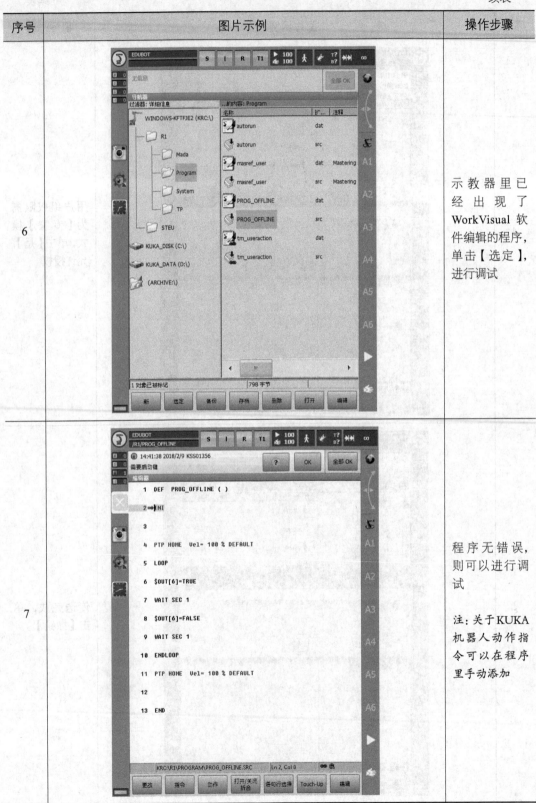	示教器里已经出现了WorkVisual软件编辑的程序，单击【选定】，进行调试
7		程序无错误，则可以进行调试 注：关于KUKA机器人动作指令可以在程序里手动添加

思考题

一、填空题

1. KUKA 机器人的离线编程和仿真软件主要有：＿＿＿＿＿＿＿＿、＿＿＿＿＿＿＿＿、

＿＿＿＿＿＿＿＿＿＿和＿＿＿＿＿＿＿＿＿＿＿。

2. WorkVisual 软件通过 PC 端以太网端口与 KUKA 机器人控制器＿＿＿＿＿＿＿＿＿

端口连接。

二、简答题

1. Sim Pro 软件的功能有哪些？
2. WorkVisual 功能有哪些？
3. WorkVisual 如何安装？
4. WorkVisual 和电脑怎么样通信？

参考文献

[1] 张明文. 工业机器人技术基础及应用 [M]. 哈尔滨: 哈尔滨工业大学出版社, 2017.

[2] 张明文. 工业机器人技术人才培养方案 [M]. 哈尔滨: 哈尔滨工业大学出版社, 2017.

[3] 张明文. 工业机器人入门实用教程（ABB 机器人）[M]. 哈尔滨: 哈尔滨工业大学出版社, 2018.

[4] 张明文. 工业机器人知识要点解析（ABB 机器人）[M]. 哈尔滨: 哈尔滨工业大学出版社, 2017.

[5] 张明文. 工业机器人离线编程 [M]. 武汉: 华中科技大学出版社, 2017.

[6] 张明文. 工业机器人入门实用教程（FANUC 机器人）[M]. 哈尔滨: 哈尔滨工业大学出版社, 2017.

[7] 董春利. 机器人应用技术 [M]. 北京: 机械工业出版社, 2014.

[8] 兰虎. 工业机器人技术及应用 [M]. 北京: 机械工业出版社, 2014.

[9] 李正祥, 宋祥弟. 工业机器人操作与编程（KUKA）[M]. 北京: 北京理工大学出版社, 2017.

[10] 徐文. KUKA 工业机器人编程与实操技巧 [M]. 北京: 机械工业出版社, 2017.

步骤一

登录"工业机器人教育网"

www.irobot-edu.com,菜单栏单击【学院】

步骤二

单击菜单栏【在线学堂】下方找到您需要的课程

步骤三

课程内视频下方单击【课件下载】

咨询与反馈

尊敬的读者:

感谢您选用我们的教材!

本书有丰富的配套教学资源,凡使用本书作为教材的教师可咨询有关实训装备事宜。在使用过程中,如有任何疑问或建议,可通过邮件(edubot@hitrobotgroup.com)或扫描右侧二维码,在线提交咨询信息,反馈建议或索取数字资源。

全国服务热线:400-6688-955

(教学资源建议反馈表)

工业机器人应用人才培养
丛书书目

工业机器人技术人才培养方案
ISBN 978-7-5603-6654-8

工业机器人基础与应用
ISBN 978-7-111-60142-5

工业机器人技术基础及应用
ISBN 978-7-5603-6626-5

工业机器人专业英语
ISBN 978-7-5680-3262-9

工业机器人知识要点解析(ABB机器人)
ISBN 978-7-5603-6655-5

工业机器人入门实用教程(ABB机器人)
ISBN 978-7-5603-7528-1

工业机器人入门实用教程(YASKAWA机器人)
ISBN 978-7-5603-7534-2

工业机器人入门实用教程(KUKA机器人)
ISBN 978-7-1223-3551-7

工业机器人入门实用教程(FANUC机器人)
ISBN 978-7-5603-6967-9

工业机器人入门实用教程(SCARA机器人)
ISBN 978-7-5603-7023-1

工业机器人入门实用教程(ESTUN机器人)
ISBN 978-7-5680-3509-5

工业机器人入门实用教程(EFORT机器人)
ISBN 978-7-5680-4306-9

工业机器人离线编程
ISBN 978-7-5680-3263-6

工业机器人编程及操作(ABB机器人)
ISBN 978-7-5603-6832-0

工业机器人原理及应用(DELTA并联机器人)
ISBN 978-7-5603-7317-1